ulmer

Anneli Noack

# UNTER WILD SCHWEINEN

## Meine Jahre als Frischlingsmutter im Schwarzwildrevier

*Dieses Buch ist meiner (kleinen) und so wundervollen Mama gewidmet – ich habe ihr unendlich viel zu verdanken. Eigentlich müsste es ein größeres Wort für „Danke“ geben!*

Meine wilden Schweinejahre ...06

Wie alles begann ...10

Motivierte zwei- und vierbeinige Mütter ...14

Ein Zuhause für das wilde Trio ...28

Entspannte Schweinetage ...44

Der hässliche Otto ...48

Die ersten Enkelschweine ...55

Enkelschweine unter Beobachtung ...62

Zimmerservice für Wildschweine ...69

Ankunft und Abschied ...84

Meine Schweinemädchen ...91

Auf in die große Freiheit ...104

Beobachtungen im Wildschweinalltag ...112

Die Große Jagd: Suche nach der Rotte ...134

Wilde Begegnungen, enge Beziehungen ...140

Frischlingsalarm! ...148

Das Leben geht weiter ...163

Blick in die Zukunft ...172

Service ...175

# MEINE WILDEN SCHWEINEJAHRE

Ich sitze wieder einmal auf meinem umgedrehten schwarzen Wassereimer mitten im Wald. Rechts von mir wachsen dicht an dicht kleine Buchen, links stehen zwei dicke, alte Eichen. Es ist ein herrlicher Spätsommertag und in der Luft liegt bereits ein Hauch von Herbst.

Doch zwischen den Geruch von Laub, Pilzen und Waldboden mischt sich ein markanter, herber Duft. In Naturbüchern ist immer die Rede von „Maggigeruch“ und das trifft es schon recht gut, wenngleich auch irgendwie ein süßliches, schlammiges, erdiges Aroma mitschwingt.

## DER DUFT NACH WILDSCHWEIN

Direkt neben mir knackt und knuspert es. Zwei kleine Frischlinge suchen am Waldboden nach Mais. Mit ihren kräftigen Nasen gehen sie systematisch vor und sind erstaunlich erfolgreich dabei. Wie kleine beharrliche Staubsauger. Sie sind TÜV-geprüft, nur ohne Beutel. Sie haben die typisch kindlichen Streifen, die erst allmählich verblassen und dann in ein verwaschenes Braun übergehen.

Etwas weiter unten entdecke ich ältere Frischlingskeiler. Sie rangeln miteinander, Schulter gegen Schulter gestemmt. Ein erstes Kräftemessen. Noch ist es spielerisch und zu Übungszwecken. Aber man ahnt schon, wie heftig es werden kann.

Da ist Gasti mit dem deutlich erkennbaren Knubbel am Nasenrücken. Wie immer hektisch und in Eile. Sie wirkt ein wenig hyperaktiv, rennt von einer Maisfutterstelle zur nächsten, als hätte ich irgendwo Überraschungseier versteckt. Gasti war die Überraschung schlechthin. Dass sie als einzelne, rottenfremde Bache Aufnahme in meine kleine Schweinefamilie fand, hat altbewährtes Wissen über Wildschweinverhalten (und noch so manches andere mehr) über den Haufen geworfen. Denn bislang hielt man es für mehr als unwahrscheinlich, dass ein fremdes Wildschwein Mitglied eines geschlossenen Familienverbandes werden kann.

Mein schwarzer Eimer gerät plötzlich ins Wanken. Mit tiefen Begrüßungslauten macht Tanti auf sich aufmerksam. Über 80 kg lebendes Wildschwein erbittet Beachtung. Am besten sofort. Mittlerweile habe ich ein wenig gelernt, die einzelnen Grunzlaute zu unterscheiden und ihre Bedeutung zu erkennen. Was Tanti jetzt von mir möchte, macht sie mir unmissverständlich klar: Ihr massiges Gewicht wird mir (mehr oder weniger) elegant zu Füßen gelegt und mit gesträubten Borsten und einem tiefen Seufzen folgt nun die Aufforderung zur Körperpflege.

Ellie, Tantis Schwester, kommt mit aufgestellten Ohren herbei. Eine sonderbare Eigenart von ihr, die ihr den Beinamen Dumbo eingebracht hat. Eine kurze, aber liebevolle Begrüßung folgt, dann trabt sie weiter, um zu fressen. Sie hat sich gut erholt nach der anstrengenden und kräftezehrenden Aufzucht von zahlreichen Frischlingen.

Ich bleibe auf dem Eimer sitzen, Tanti zu meinen Füßen, und genieße das Bild vor mir: Eine muntere Wildschweinrotte im sonnigen Herbstwald mit Frischlingen, Bachen und einjährigen Tieren. Und ich mittendrin!

Damals hatte ich mir die Entscheidung, drei winzige verwaiste Frischlinge mit der Hand großzuziehen, wirklich nicht leicht gemacht. Aber die Tatsache, dass sie sich verhaltensmäßig aneinander orientieren konnten, und die großartige Möglichkeit, die jungen Wildschweine in einem Auswilderungsgatter mehr als artgerecht zu halten und dort auf ein Leben wie in freier Wildbahn vorzubereiten, gaben letztendlich den Ausschlag. Leider passiert es nicht selten, dass Wildtiere von unwissenden Tierfreunden mitgenommen werden. Häufig sind die vermeintlichen Retter bereits nach kurzer Zeit mit der Pflege und Fütterung

*Elegant zu Füßen gelegt: etwa 80 kg lebendes Wildschwein.*

überfordert oder bedenken reichlich spät, dass das niedliche, zarte Tierkind auch einmal groß und erwachsen wird. Und dann plötzlich ganz andere Ansprüche stellt. Wer kann ihnen gerecht werden?

Manchmal erscheint die beste und sinnvollste Lösung, „Natur eben Natur sein zu lassen". So hart es klingen mag, aber meist schlägt man damit den richtigen Weg ein.

Meine beiden Bachen und die „Gastbache" sind jetzt sechs Jahre alt. Sechs wundervolle und für mich unvergessliche Jahre mit meinen wilden Schweinen, in denen ich unglaubliche Beobachtungen machen konnte.

Ich meine es ist an der Zeit, eine Art von Plädoyer zu schreiben für diese urige Wildart. Eine Tierart, die mit ihrer Anpassungsfähigkeit, ihrer Intelligenz, ihren Überlebensstrategien und ihrem einzigartigen Sozialverhalten ihresgleichen sucht.

Anneli Noack, im Frühjahr 2018

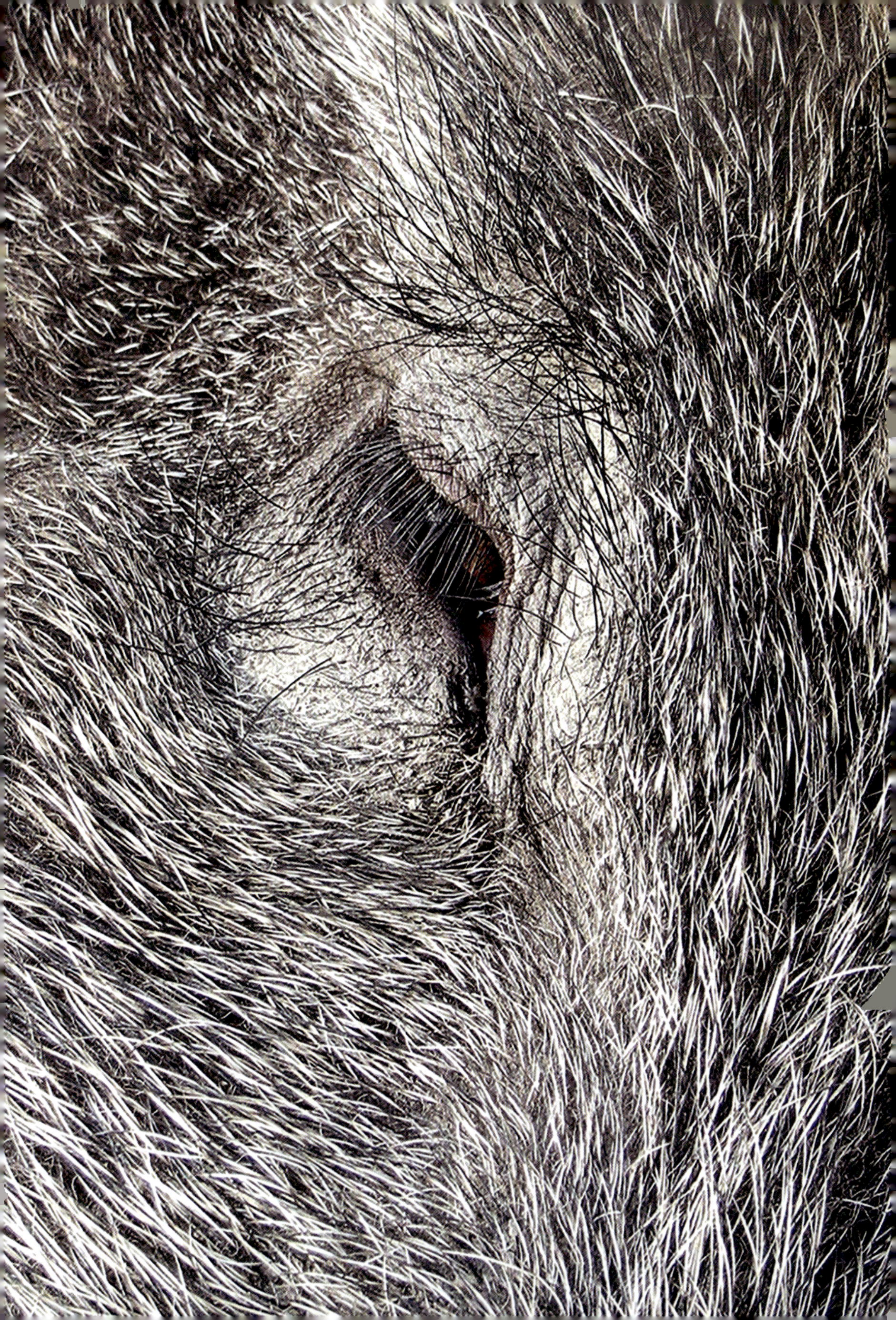

# WIE ALLES BEGANN

Es war Ende Dezember 2011, als meine Arbeit im Wildwald Vosswinkel, einem Naturerlebnispark im Sauerland, ein wenig auf den Kopf gestellt wurde. Seit mittlerweile über 15 Jahren arbeitete ich in diesem privat geführten Unternehmen und hatte dort eine mehr als abwechslungsreiche Anstellung. Natürlich gehörte Bürotätigkeit dazu, mit etwas „trockenen" Arbeitsbereichen wie Zusammenstellen von Arbeitsplänen, Jahresberichten, fristgerechter Abgabe von Zuwendungsbescheiden und dem Vergleich von eingereichten Wartungsverträgen. Glücklicherweise war ich jedoch auch für zahlreiche Aufgaben im Außenbereich zuständig und diese wiederum waren mehr als spannend: die Planung von Renovierungsarbeiten an den Gehegen sowie Neuerungen an den beiden Rundwegen, das Entwerfen von Informationstafeln, Schaufütterungen oder die regelmäßige Kontrolle des Botanischen Waldes. Und noch so viel mehr, an dem ich richtige Freude hatte und immer noch habe. Ich fuhr (und fahre) jeden Morgen eigentlich gerne in Richtung Wildwald.

Außerdem hatte ich mir im Laufe der Jahre den Ruf einer engagierten „Mutter Teresa" für verwaiste und verletzte Tiere erworben. Daher war ich nicht erstaunt, sondern eher neugierig, als mich mein Kollege Hardy mit den Worten „Ich hab da was für Dich" aus dem Büro holte. Die Wildschwein-Geschichte nahm ihren Anfang.

Drei kleine Frischlinge drängelten sich im Heizungsraum in einem hohen Weidenkorb aneinander. Zwei, allerhöchstens drei Tage alt. Was war passiert? Eine Bache war am Vortag bei einer Jagd in einem angrenzenden Revier erlegt worden. Eine Überläuferbache – ein weibliches Tier im zweiten Lebensjahr. Das Gesäuge hatte der Schütze leider nicht gesehen. In der dichten Winterschwarte mit den langen Borsten war es schwer zu erkennen gewesen. Erst

**ZUKUNFTSAUSSICHTEN FÜR HANDAUFGEZOGENE WILDSCHWEINE**

Wildschweine, die von Hand aufgezogen wurden, sind in freier Wildbahn kaum überlebensfähig. Sie sind auf den Menschen fixiert und damit fehlgeprägt. Bestenfalls landen sie in einem kleinen Tierpark, wo ihre Zahmheit und Zutraulichkeit nicht stört. Schlimmstenfalls enden sie in „Einzelhaft" in einer Pferdebox oder werden zur zweifelhaften Attraktion auf einem Bauernhof – bis sie sich ihrer Kraft bewusst und vielleicht sogar aggressiv werden.

*Kaum zwei Hände voll Wildschweinleben.*

beim Aufbrechen war es aufgefallen und damit war klar, dass das Tier Frischlinge haben musste. Man rekonstruierte, wo die Bache geschossen worden war und machte sich eilig auf die Suche nach den Jungtieren. Und die Jäger wurden glücklicherweise fündig: Die Frischlinge irrten ganz in der Nähe des Erlegungsortes auf der Suche nach ihrer Mutter umher. Zwei Bachen und ein Keiler.

Jetzt waren sie im Wildwald gelandet und saßen wenigstens im warmen Korb. Die Frage stellte sich: Was tun? In freier Wildbahn hat ein einzelnes handaufgezogenes und menschengeprägtes Wildschwein kaum eine Chance – das ging mir durch den Kopf, als ich an diesem Tag die drei kleinen gestreiften „Mäuse" vor mir betrachtete. Kaum zwei Hände voll Wildschwein. Sie waren winzig. Aber sie waren zu dritt. Ihre Ausgangsbedingungen waren in diesem Fall tatsächlich völlig anders. Sie bildeten schon eine kleine Rotte für sich und konnten sich aneinander orientieren. Um Schwein zu bleiben. Zudem hatte ich die großartige Möglichkeit, sie artgerecht – mit viel Platz – aufzuziehen. Unter diesen Voraussetzungen konnte ich es tatsächlich versuchen.

Ich entschied mich dafür. Eine folgenschwere Entscheidung, wie sich sechs Jahre später herausstellte. Hätte ich es damals geahnt – ich würde es sofort wieder tun!

So stand ich aber in dem warmen Raum, schaute auf die Frischlinge vor mir und dachte bereits weiter: Ferkelmilch musste schnellstmöglich, am besten noch am selben Tag, organisiert werden. Ich wollte ungern mit Milchpulver für Babys beginnen und zwei Tage später auf richtige Ferkelmilch umstellen. Eine unnötige Belastung für die sowieso gestressten Frischlinge und ihr empfindliches Verdauungssystem. Sauger, die benötigte ich ebenfalls.

Ich lief in mein Büro und setzte mich ans Telefon. Erster Anruf bei Herrn Göke, Landwirt und Sauenhalter. Seine Frau machte sich freundlicherweise quer durch die Ställe auf die Suche nach Ferkelmilch. Leider ohne Erfolg.

Im nächstgelegenen Landhandel durchstöberte man die Lagerhalle. Auch keine Ferkelmilch. Dann eben ein Anruf bei der nächsten Filiale, bei der es der Zufall nun wollte, dass mein Anruf von einem Mitarbeiter angenommen wurde, der scheinbar eine Urlaubsvertretung machte oder ein unbezahltes Praktikum absolvierte. Vielleicht war er auch ein Fachmann für die Gartenabteilung. Nachdem ich ihm etliche Male vergeblich erklärt hatte, dass ich keinen Kükenstarter, keine Kälbermilch und kein Gänsefutter, sondern Ferkelmilch benötigte, war ich kurz davor grunzende Geräusche zur Untermalung von mir zu geben. Aber dann hatte er mein Anliegen glücklicherweise verstanden und wohl auch den Begriff „Frischling" richtig einsortiert und wurde tatsächlich fündig. Spontan entschied ich mich dafür, den Herrn doch außerordentlich nett zu finden!

Den Sack Ferkelmilch (oder Gänsefutter?) holte mein Kollege ab, ich setzte mich ins Auto, um drei Sauger und Babyflaschen zu holen. Zwischen Regalen

*Ein kleines, aber feines Frischlingsgebiss bei der routinemäßigen Kontrolluntersuchung.*

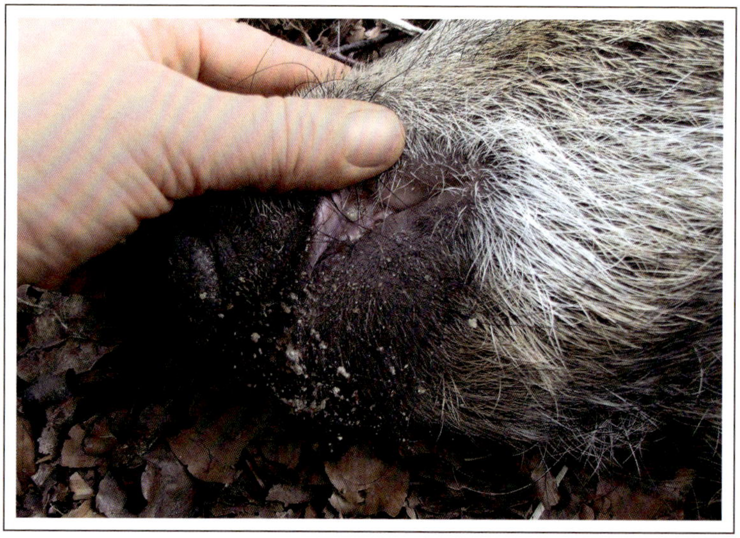

**BEEINDRUCKENDE WILDSCHWEINZÄHNE**

Ausgewachsene Wildschweine haben 44 Zähne. Die berühmt-berüchtigten und imposanten Eckzähne dienen dabei sowohl als Werkzeug als auch als Waffe. Die Eckzähne eines Wildschweins, die einer ständigen Abnutzung unterliegen, haben (praktischerweise) keine Wurzel und wachsen daher nach. Nur bei den Bachen schließen sich die Wurzeln der Eckzähne irgendwann und das Wachstum wird eingestellt. Die kleinen Frischlinge kommen mit Schneide- und Eckzähnen zur Welt. Das komplette Milchgebiss ist dann mit fünf Monaten vollständig ausgebildet.

voller Babynahrung für die ersten Lebenswochen, Sauger mit variablem Nahrungsfluss, Trinksauger aus Silikon für 6 bis 18 Monate, runde Saugform und dreieckige Form, Trinksauger aus Latex ... hatte ich die Auswahl – und damit die Qual der Wahl. Waren doch so junge Frischlinge bereits mit einem Milchgebiss ausgestattet. Genauer gesagt mit ganz schön spitzen Schneide- und Eckzähnchen. Ich musste etwas Stabiles aussuchen.

Ich stöberte unschlüssig durch die Regale, las immer wieder die Beschreibungen und wünschte mir, ich könnte bei dem einen oder anderen Sauger einen Festigkeitstest durchführen.

Nachdem ich mittlerweile von der Verkäuferin etwas argwöhnisch beobachtet wurde, entschied ich mich für Sauger, die mir fest und dick genug erschienen: Mit variablem Nahrungsfluss für Tee, Milch und Brei – das hörte sich doch gut an. Die Löcher würde ich sowieso noch vergrößern müssen, da die kleinen Schweinekinder einen anderen „Zug" und ein anderes Saugverhalten an den Tag legen würden als ein zartes menschliches Baby.

Zusätzlich packte ich mir drei 125-ml-Flaschen ein. Mit tanzenden blauen Hunden und bunten Schmetterlingen. Niedlich.

Danach fuhr ich schnell zurück zum Wildwald und ließ mein Auto mit eingeschalteter Heizung stehen, damit es die Frischlinge gleich warm genug hatten. Vorsichtig packte ich eine Decke über den Weidenkorb und deponierte ihn auf dem Rücksitz. Völlige Ruhe. Auch auf dem Weg zum Jagdhaus rührten sich meine Schweinekinder nicht. Kein Geraschel und kein Gerangel. Vermutlich waren sie müde, hungrig und verängstigt.

Es wurde wirklich Zeit, dass sie nach Hause kamen.

# MOTIVIERTE ZWEI- UND VIERBEINIGE MÜTTER

Ich brachte an diesem denkwürdigen Tag im Dezember meinen gestreiften Familienzuwachs schnellstmöglich nach Hause. Bereits während der Fahrt überlegte ich mir einen kleinen Zeitplan, wie ich die „Schweineversorgung" am besten in meinen Alltag einbinden konnte. Wenn die drei tatsächlich überleben und sich ganz normal entwickeln sollten, musste ich damit rechnen, sie bis ins zeitige Frühjahr bei mir im Haus bzw. im Stall zu haben. Dann konnte man daran denken, sie auf ihr wildes Leben vorzubereiten. Wenn? Falls! – so geisterte es durch meinen Kopf.

Und schon damals hatte das Gefühl, dass mein Leben von nun an auf den Kopf gestellt werden würde.

Für tierische Notfälle war (und bin) ich stets gut ausgerüstet. Daher war relativ schnell eine stabile große Holzkiste mit Stroh und Heu ausgepolstert. Eine Rotlichtlampe wurde an dem dafür vorgesehenen Haken an der Decke angehängt und sorgte für die richtige Temperatur. Für die nur wenige Tage alten Frischlinge war ein warmer zugfreier Platz sehr wichtig und ich hoffte, dass sie sich draußen bei den niedrigen Temperaturen nicht erkältet hatten.

### GESCHÜTZT UND WARM IM WURFKESSEL

So eigenständig kleine Frischlinge scheinen, so vollständig sie auch entwickelt sind, gerade in den ersten Tagen sind sie überaus empfindlich. Bis etwa zur dritten Lebenswoche können sie ihre Körpertemperatur nur unvollkommen selbstständig regulieren. Dies bedeutet, sie sind auf die Körperwärme ihrer Geschwister und vor allem ihrer Mutter angewiesen. Aus diesem Grund bauen sich Bachen vor dem Gebären (Frischen) einen sogenannten Wurfkessel. Aus Astmaterial, Zweigen und ganzen Bäumchen, wird ein Nest gebaut. Oftmals zusätzlich ausgepolstert mit Unmengen an Gras und Schilf. Hierhin zieht sich die Bache zurück, um ihre Frischlinge zu bekommen, und hier bleibt sie mit ihnen die ersten Tage.
Wissenschaftler stellten in sorgfältig gebauten Wurfkesseln Temperaturen im Bereich von 21 bis 25 °C fest – bei Außentemperaturen von minus 7 °C. Welch erstaunliche Bauwerke!

## MIT TARNSTREIFEN UNTERWEGS

Wildschweinfrischlinge kommen „fertig ausgerüstet" auf die Welt. Nicht blind, nackt und taub. An ihnen ist schon alles dran.

Auffällig sind die Streifen, eine Art von Tarnkleidung, die es ihnen ermöglicht, sich inmitten von Unterholz und Laub fast unsichtbar zu machen. Eine Bache, die mit ihren jungen Frischlingen die ersten kurzen Ausflüge macht, wird bei Gefahr einen Warnlaut ausstoßen. Dies ist für den Nachwuchs das Zeichen, sich schnellstmöglich in alle Himmelsrichtungen zu verteilen und zu verstecken. „Zu drücken", wie es in Fachkreisen so passend heißt. Dort zwischen Laub und Ästen verharrt jedes Schweinchen regungslos und wird dann, wenn die Gefahr vorbei ist, wie ein kleiner, beharrlicher Spürhund den Duft seiner Mutter aufnehmen und ihrer Spur folgen.

Ein tragendes Wildschwein trennt sich einige Tage vor dem Gebären von seiner Rotte; nach der Rückkehr der Bache in die Rotte bekommt der Nachwuchs Kontakt zu den anderen Rottenmitgliedern und wird durch die Bache integriert. Die Beziehung zwischen Bache und Frischlingen ist sehr eng. Unter der Führung und dem Schutz der Mutter lernen kleine Frischlinge schrittweise ihren Lebensraum kennen: die bevorzugten Einstände und Wege, die Wasserstellen und natürlich auch die Gefahrenquellen.

Im Laufe meiner Schweinejahre habe ich diese außergewöhnliche Führung durch die Mutterbachen gut beobachten können. Wobei die Fürsorge und die Umsicht den Frischlingen gegenüber individuell von Bache zu Bache sehr unterschiedlich sein kann. Es ist ein bisschen so wie bei uns Menschen.

Mein warmer Wurfkessel war bereit und die Schweinekinder drängten sich gleich dicht aneinander und genossen sichtlich die schützende Enge und Wärme der Kiste. Das war schon ein vielversprechender Anfang.

Ich las die Anleitung auf dem Sack mit dem Ferkelmilchpulver und stellte den Wasserkocher an, um die neuen Flaschen und Sauger mit heißem Wasser auszuspülen. Die erste Mahlzeit war schnell angerührt und zubereitet. Es war ein herrlich süßer Geruch. Einen ganzen Tag schon hatten die drei ohne Milch auskommen müssen, nun wurde es allerhöchste Zeit.

## FÜTTERUNG MIT FINGERSPITZENGEFÜHL

Die erste Fütterung bei einem kleinen Findelkind, egal ob Säugetier oder Jungvogel, erfordert einiges an Geduld und Feingefühl. Mit viel Ruhe muss man den Tieren Zeit geben, sich an das fremde Umfeld, den Menschen mit seinen Händen, seinen Bewegungen und seinem Geruch zu gewöhnen – und natürlich an das ungewohnte Futter.

Mein erster Test mit den Fingern zeigte mir bereits, dass aus den Nuckelflaschen nicht ausreichend Milch floss. Für Babys vielleicht, aber nicht für kleine Wildschweine! Mit einer Nagelschere schnitt ich vorsichtig die Spitze des Saugers etwas größer und machte erneut einen Testlauf mit den Fingern. Zu viel durfte beim Saugen nicht fließen, weil die Gefahr bestand, dass sich die Tiere beim Trinken verschluckten. Zu wenig war jedoch auch nicht gut, weil sie dann vergeblich saugten und saugten und letztendlich frustriert und hungrig aufgaben.

Als ich mit der Größe der Löcher zufrieden war, bot ich dem ersten Frischling die Flasche an. Vorsichtig tupfte ich einige wenige Tropfen Milch zum Probieren an seine Schnute. Setzte dann behutsam den Sauger ein wenig seitlich an und schob ihn in das Maul. Mit Hilfe meines Fingers kam die erste Milch und wurde geschluckt. Erneut drückte ich ein wenig mit dem Zeigefinger, bis die ersten zaghaften, aber durchaus eifrigen Saugbewegungen sichtbar wurden. Bei allen drei Frischlingen setzte der Saugreflex rasch ein und das eigenständige Trinken gelang sehr schnell. Sie waren hungrig. Und intelligent. Schweine eben!

*Das Saugen aus der Flasche klappt und die Ferkelmilch schmeckt.*

**SCHWIERIGE UMSTELLUNG AUF ERSATZMILCH**
Junge, verwaiste Wildtiere muss man stets langsam an neues Futter bzw. Aufzuchtmilch gewöhnen. Auch wenn man heutzutage auf zahlreiche hochwertige Futtermittel zurückgreifen kann, so ist doch alles, was von der bisherigen Muttermilch abweicht, eine große Umstellung. Vor allem ist es eine enorme Belastung für den Verdauungsapparat.

Ich gab ihnen jedoch zunächst nur kleinere Mengen in kürzeren Abständen, damit sie sich an die Ferkelmilch gewöhnen konnten. Gleich nach dem Füttern packte ich die Frischlinge in ihr warmes Nest zurück und deckte ein Handtuch über die Kiste. Ruhe war jetzt äußerst wichtig.

## BODENHAFTUNG ERWÜNSCHT

Wer denkt, er könnte einen niedlichen Frischling beim Füttern mit der Flasche ganz idyllisch auf dem Schoß halten oder ihn zum innigen Knuddeln beherzt an sich drücken, dem sei diese Illusion an dieser Stelle gleich genommen. Kleine Schweine mögen es absolut nicht, auf den Arm oder überhaupt hochgehoben zu werden. Wildschweine sind, wie Reh- oder Rotwild, Klauentiere (auch Schalenwild genannt). Sie alle benötigen „Bodenhaftung“. Herumgetragen zu werden, entspricht eben nicht ihrem Artverhalten. Dies macht ein Eichhörnchen, wenn es seine Jungen von einem Kobel zum nächsten trägt, oder eine Wildkatze, die ihren Wurf in Sicherheit bringt.

Hochheben bedeutet für kleine Frischlinge Gefahr. Hier ist allerhöchste Panik angesagt: Quieken in schrillsten Tönen, bis die Rettung naht! Das ist übrigens alles andere als idyllisch.

Zum Füttern hatte ich mich also immer zu den Frischlingen auf den Boden gesetzt, damit sie sich im Stehen an die Flasche „andocken“ konnten. Irgendwann im Laufe des Saugens saßen die Frischlinge; und später, wenn nur noch ganz langsam und bedächtig gesaugt wurde, legten sie sich hin und schliefen dabei irgendwann ein.

Nach einigen Tagen mit gesunden, hungrigen und überaus agilen Schweinekindern wurde mir klar, dass ich zum Füttern der Bande eindeutig zu wenige Hände hatte. Allerhöchstens konnte ich zweien gleichzeitig die Flasche geben, während Nummer drei verständlicherweise fast Amok lief und dabei seine Geschwister mit der festen Schweinenase beharrlich in die Rippen stieß.

*Es sollte unbedingt patentiert werden: das Nuckelhalter-gestell für Frischlinge.*

Glücklicherweise hatte ich einen pfiffigen Arbeitskollegen, der mein logistisches Problem erkannte und mir eine mehr als geniale „Frischlings-Nuckelflaschen-halterung“ aus Holz baute. An speziellen Aussparungen konnte ich die drei gefüllten Babyflaschen genau passend schräg anschrauben und die Frischlinge konnten so gleichzeitig nebeneinander saugen. Genau in der richtigen Höhe, wie beim schweinemütterlichen Gesäuge. Ein Bild für die Götter! Es war perfekt.

Dies war der beste und günstigste Moment, das ansonsten recht quirlige Trio zu betrachten und zu genießen. Die kräftigen Köpfchen mit herrlich flaumigen Borsten. Lange dichte Wimpern und feste, dunkle Nasen mit knautschigen, harten Falten. Knackige, knubbelige Popos und diese wunderschönen dunklen Streifen! Ein jeder individuell, ein jeder anders gezeichnet.

Ich muss zugeben, dass ich diese ruhigen Mußestunden redlich ausnutzte, um den drei kleinen Frischlingen ganz vorsichtig über die Köpfe und die Rücken zu streicheln. Um die winzigen, wie lackiert aussehenden Klauen anzufassen und um – mit nur einem Finger – über die milchverspritzten Nasenrücken zu fahren.

## NAMEN FÜR DIE SCHWEINEKINDER

Erstaunlicherweise war es der Keiler, der wesentlich zarter gebaut und fast schon zierlich war. Er war überhaupt ein wenig „mädchenhaft“, ließ sich beim Saugen sehr viel Zeit, schloss dabei träumerisch die Augen und schlief viel. Zu Beginn machte ich mir deshalb Sorgen, befürchtete einen Infekt und beobachtete ihn daher mit Argusaugen. Irgendwann wurde mir klar, dass dies eben seine Art war: So war er, der kleine Nick Knatterton.

Seine beiden Schwestern waren vom ersten Tag an weitaus unternehmungslustiger und agiler. Eine der Bachen hatte auffällig lange Wimpern und breitere dunkle Streifen als ihre Geschwister. Nach einigen Tagen war sie es, die sich auf die Hinterbeinchen stellte und neugierig über den Rand der Kiste lugte, weil ich ihr nicht schnell genug die Flaschen montierte. Hunger! Diese verfressene Ellie sollte es dann auch sein, die als erste den Satz aus dem Kasten schaffte: sportlich elegant, mit Purzelbaum. Als sie älter wurde, kam noch die nette Eigenart dazu, ihre Ohren zur Begrüßung aufzustellen. Was ihr den Beinamen Dumbo einbrachte. Sie war immer „kurz vor dem Abheben".

Die Dritte im Bunde sah eigentlich aus wie ein Keiler: wunderbar dicker, kantiger Kopf und bei jeder Fütterung eine nette Gewichtszunahme. Ein properes und tolles Schweinemädchen, das später bei den spielerischen Verhaltensweisen wie eine Sumo-Ringerin austeilte. Eigentlich kein Wunder bei dem Kampfgewicht! Das Fräulein Trudi bekam nach einigen Monaten allerdings einen anderen, passenderen Namen. Aber dazu später mehr.

Bereits am zweiten Tag als emsige Schweinemutter sah meine kleine Küche wie eine höchst professionelle Säuglingsstation aus. Tabellen und Listen mit der richtigen Dosierung von Wassermenge und Ferkelmilchpulver hingen an der Wand. Messbecher, Küchenwaage, ausgespülte Flaschen und Reservesauger standen immer startklar auf einem sauberen Küchentuch bereit. Später kamen ein Stabmixer, Schüsseln und diverse Varianten von Babybrei dazu.

Meine drei kleinen Frischlinge gediehen prächtig und vertrugen die Ferkelmilch ohne Schwierigkeiten. Keine aufgeblähten Bäuche, kein Durchfall und keine Nabelinfektionen. Ich war erleichtert.

**HYGIENE BEI DER FRISCHLINGSAUFZUCHT**

Bei der Aufzucht von Wildtieren ist es enorm wichtig, auf eine ausreichende und sorgfältige Hygiene zu achten. Nach jeder Fütterung müssen die benutzten Sauger und Flaschen gereinigt und regelmäßig mit Desinfektionslösungen sterilisiert werden. Milchreste sollten nicht aufbewahrt, sondern beseitigt werden. Beachtet man derartige Regeln nicht, besteht schnell die Gefahr, dass sich Bakterien breitmachen, die bei den empfindlichen Jungtieren zu schweren Erkrankungen führen können.

## BALD SCHON ALLTAGSROUTINE

Nach einigen Tagen waren wir ein eingespieltes Team: Ich mit meinen perfekt abgemessenen Ferkelmilchportionen, dem raschen Einhängen in das Gestell und dazu die muntere Schweinebande, die ihre Nuckelflaschen kannten, heiß und innig liebten (mich übrigens auch) und sie problemlos „anzapften“. Wie beim richtigen Gesäuge wurde erst einmal mit der Nase sehr ambitioniert vormassiert (um den Milchfluss anzuregen), dann getrunken und später nochmals nachmassiert. Und es wurde viel geschlafen.

Ellie massierte meistens dermaßen motiviert und begeistert ihren Sauger, dass er nahezu bei jeder Fütterung nach innen, in die Flasche gestülpt wurde. Was für ein empörtes und schrilles Gequieke, bis ich ihr den Sauger wieder herausgefummelt hatte! Und das ist wirklich nicht einfach, wenn man dabei von einem zappelnden Frischling mit klebrig-verschmierter Nase bedrängt wird!

Klein Knatterton hatte die ebenfalls nicht gerade angenehme Marotte, bei der Bearbeitung seines Saugers so gezielt und fest zu drücken, dass immer ein gewaltiger Milchstrahl aus dem Sauger quer durch den Stall schoss. Und meist saß ich genau in der Schusslinie.

Im Nachhinein kann ich übrigens feststellen, dass Ferkelmilch keinerlei schädigende Wirkung auf den Menschen hat! Ganz automatisch hatte ich mir bei der Temperaturprüfung der Ferkelmilch immer einige Tropfen auf das Handgelenk getan – und ebenso automatisch abgeleckt. Falls irgendeine wissenschaftliche

*Eine unwiderstehliche Kombination: Charme und milchverspritzte Nase.*

Projektarbeit sich also einmal mit diesem Thema auseinandersetzt und die chemische Zusammensetzung von Ferkelmilch und ihre spezifischen Auswirkungen auf den menschlichen Organismus behandelt: Ich stehe als Proband gerne zur Verfügung.

Da mein Nachwuchs etwa alle drei Stunden gefüttert werden musste, fuhren sie mit zur Arbeit in den Wildwald. Hier hatten wir in einem Kellerbüro ebenfalls eine mit Stroh ausgepolsterte Kiste aufgestellt, die zudem mit Rotlicht gewärmt wurde. Dort arbeitete glücklicherweise meine mehr als schweinetolerante Kollegin Bianca, die das Geraschel im Stroh und die später etwas lauter werdende Kommunikation zwischen den Frischlingen überaus lustig fand. So manches Beratungsgespräch über eine Hochzeit in der romantischen Eichenkirche oder einen Kindergeburtstag im Wald musste sie laut lachend unterbrechen, weil sie von den Quiektönen der Schweine aus dem Takt gebracht wurde.

## FRISCHLINGE MIT BESONDEREM CHARME

Von Beginn an achtete ich darauf, dass nicht allzu viele Menschen Kontakt zu den Frischlingen hatten. Damit wollte ich verhindern, dass sie von jedem angefasst und damit allzu menschenvertraut wurden. Ganz ließ es sich natürlich nicht vermeiden. Daher stand Tom, einer unserer Absolventen des Freiwilligen Ökologischen Jahres, eines Tages vor mir und bat darum, bei der Fütterung dabei sein zu dürfen. Nun muss man wissen, dass dieser junge Mann alles tat, um cool zu sein: nahezu tägliche Besuche im Fitnessstudio, gestylte blonde Haare und schleppender Gang. Eben jener Tom stand dann vor den laut schmatzenden und eifrig saugenden Schweinekindern, ging mit verzücktem Blick in die Hocke und fragte erstaunt: „Wie kann das denn sein, Anneli, wie kann das denn sein, dass in einer einzigen Tierart so viel Niedlichkeit und so viel Süßigkeit reingepackt wurde?“ Ich konnte ihm da nur zustimmen. Kleine Frischlinge sind schon etwas Besonderes.

Im Laufe der kommenden Wochen sollten noch einige, vermeintlich hartgesottene Jägersleute vor dem Trio hocken und seufzend verkünden: „Mein Gott, was sind die aber niedlich.“ So kann es gehen.

Morgens kam ich also, bepackt wie für einen dreiwöchigen Urlaub, mit meinen Schweinekindern in den Wildwald. Ich hatte eine große Transportkiste mit Stroh ausgepolstert, in welche die Wildschweine schon nach kurzer Zeit von selbst hineingingen. Diese Aktion war für sie glücklicherweise mit keinerlei Stress und Hektik verbunden. Der Einfachheit halber wurde ein weiteres Saugergestell gebaut, welches ich im Wildwald deponierte. Zum Feierabend fuhren wir alle wieder in das kleine Jagdhaus.

## FRISCHLINGE MIT HUNGER UND BEWEGUNGSDRANG

Nach etwa zwei Wochen fing ich an, die Ferkelmilch mit sättigenden Beilagen zu mischen. Ich pürierte Bananen, kochte Kartoffeln oder Möhren und mischte sie wahlweise zu der Futterration. Babybrei in den verschiedensten Variationen – auch mal mit Puten- oder Hähnchenfleisch – sorgten für Abwechslung, tierisches Eiweiß und große Begeisterung.

Die Schlafphasen wurden deutlich weniger und kürzer. Vor allem Ellie und Fräulein Trudi legten los und strotzten geradezu vor Energie.

Die warme Wurfkiste war nur noch abends und nachts angesagt, tagsüber hatten meine Frischlinge nun mehr Bewegungsdrang. Glücklicherweise befindet sich im Jagdhaus auch ein kleiner Stall. Früher lebte man hier Wand an Wand mit seinen Kühen und Schweinen – das tat ich nun auch! Als die Frischlinge ganz klein waren (und ich muttertechnisch so gar nicht abgeklärt) konnte ich immer mit einem Ohr lauschen, ob sie sich regten und Hunger hatten. Jetzt hatte ich hier die Möglichkeit, ihnen einen großen Bereich abzutrennen und mit reichlich Stroh einzustreuen. Zum Erkunden und Wühlen stellte ich ihnen zusätzlich zwei große Tonschalen mit Erde hinein.

Niemals hätte ich es für möglich gehalten, dass junge Wildschweine einen solchen Spieltrieb zeigen. Er war fast so ausgeprägt wie bei Hundewelpen, hatte sogar erstaunliche Ähnlichkeit damit! Sie liefen, lauerten einander auf, fielen übereinander her, schlugen Haken und legten sich platt hin. Besonders Trudi forderte ihre Geschwister dauernd zu irgendwelchen Spielchen auf. Und mich auch. Ihre Schwester wurde regelmäßig zum Schulterstemmen aufgefordert, ich bekam meist einen Stoß mit der festen Nase, bevor sie einen Hopser inklusive Drehung machte und davonraste, um mir gleich darauf den nächsten Stoß zu verpassen.

Knatterton erwachte bei diesen Spielphasen ebenfalls aus seiner Träumerei und erwies sich als überaus wendig und flink. Er legte sich oftmals einfach nur flach in das Stroh, um dann unvermutet aufzuspringen und zuzubeißen. Ellie dagegen war sehr damit beschäftigt, sich größere Strohhalme zu suchen und diese kopfschlagend hin- und herzuschütteln. Auch eine Art von Vorbereitung auf das spätere, erwachsene Wildschweinleben.

Dieses spontane, spielerische Verhalten und Kräftemessen der nur wenige Tage alten Frischlinge sollte ich in den folgenden Jahren in meiner großen Rotte noch etliche Male wunderbar beobachten können. Es gab kaum etwas Kurzweiligeres und Schöneres, als dem Wildschweinnachwuchs dabei zuzusehen!

Abends habe ich oft im Stall gesessen und habe ihnen einfach nur zugeschaut – und schallend über diese Schweinekinder voller Energie gelacht.

Lilli, meine weltbeste, schwarz-weiße Mischlingshündin, die bereits mit allerhand zwei- und vierbeinigen Findelkindern vertraut war, wurde übrigens von den Frischlingen nicht großartig beachtet. Nach kurzer Zeit gehörte sie eben dazu, spielte jedoch keine bedeutende Rolle in ihrem Schweineleben und wurde mehr oder weniger ignoriert. Und so sollte es auch sein. Die Wildschweine durften sich keinesfalls an Hunde gewöhnen oder ihnen gegenüber gar zutraulich werden. Für ihr späteres Leben, war es sehr wichtig, dass sie Hunde als Gefahr sahen und am besten mit Flucht reagierten.

**SPIELVERHALTEN BEI WILDTIEREN**

Auch von anderen Wildarten wie zum Beispiel dem Rot- und Muffelwild ist dieser Spieltrieb bekannt. Hier wird von regelrechten Fangspielen bei den Kälbern und Lämmern gesprochen, die sogar die Alttiere zum Mitmachen animieren. Das oftmals recht ausdauernde Spiel der Jungtiere dient vor allem der Verfeinerung angeborener Verhaltensweisen. Die Jungtiere lernen dadurch, die Reaktionen und das Verhalten ihrer Artgenossen einzuschätzen, erkennen aber auch Niederlagen, lernen sich zurückzuziehen und stärken im Spiel zudem die sozialen Bindungen. Bereits jetzt sind die Anfänge der Rangordnungsermittlung erkennbar.

Intelligente Tiere, so hat die Wissenschaft herausgefunden, spielen mehr und ausdauernder als weniger intelligente Arten. Ich meine, so ganz nebenbei werden dadurch auch die Feinmotorik, der Gleichgewichtssinn und der Muskelaufbau gefördert und gestärkt.

## KLEINE FRISCHLINGSKEILERCHEN

Nick Knatterton war beim Fressen nach wie vor langsam und bedächtig. Während seine beiden Schwestern bei der Fütterung einmal ansetzten und mit einer gewaltigen Geschwindigkeit ihre Flasche leerten, nahm er sich alle Zeit der Welt: Mit der Nase wurde sehr innig vormassiert und nochmals ein bisschen vormassiert, Milch durch die Gegend gespritzt, bis er endlich ansetzte und zu trinken begann, Pürzel entspannt nach unten, aber äußerst konzentriert. So manches Mal musste ich Ellie und Fräulein Trudi davon abhalten, ihn zu stören und abzudrängen.

Im Laufe der folgenden Jahre sollte ich übrigens bemerken, dass die Frischlingskeiler häufig klein und schmächtig waren. Und es auch lange blieben. Knubbelig und „gut im Futter" waren meist die weiblichen Geschwister. Irgendwann ab dem ersten Lebensjahr legten die Keiler dann jedoch plötzlich zu, wurden kantig, schwer und massig und überholten ihre Schwestern.

## LIEBLINGSPLATZ AM GESÄUGE UND AM NUCKELHALTERGESTELL

Nach gut drei Wochen hatten meine Frischlinge einen festen Stammplatz an dem Nuckelgestell. Vorher hatten sie immer wieder einmal gewechselt, sich spontan für eine der anderen Flaschen entschieden und sich gegenseitig den Sauger abgekämpft.

Ich wechselte versuchsweise die Farben der Sauger, um zu sehen, ob sie sich vielleicht auch daran orientierten. Aber dies war nicht der Fall. Die Farben der Flaschen waren ihnen egal, aber der Platz blieb nun Stammplatz. Stellte man ihnen die Saugvorrichtung hin, so steuerte ein jeder ganz zielstrebig „seinen" Platz an.

Dies stimmt genau mit den Beobachtungen des renommierten Wissenschaftlers und Verhaltensforschers Dr. Heinz Meynhardt überein, der ebenfalls von der Zitzentreue der Frischlinge spricht. Dies bedeutet: Jeder kleine Gestreifte hat am Gesäuge der Mutter seine „Stammzitze", die ab sofort vehement verteidigt wird. Um ihr Geschäft zu verrichten, entfernten sich die Frischlinge möglichst

*Klein Knatterton mit grüner Flasche, die sportliche Ellie daneben …*

### CHANCEN FÜR MUTTERLOSE FRISCHLINGE

Eine Wildschweinbache hat zehn Zitzen, wobei die beiden vorderen für die Frischlinge kaum interessant sind, weil sie wenig Milch geben und sich daher schnell zurückbilden. Die Rangeleien um die ergiebigsten Zitzen sind in den ersten drei Wochen recht ausgeprägt und letztendlich liegen die stärksten Frischlinge bald ausnahmslos an den hinteren, attraktivsten Zitzen.

Mutterlos gewordene Frischlinge werden übrigens nicht aus einer Rotte ausgestoßen, verjagt und damit ihrem Schicksal überlassen. Sie dürfen bleiben und können bei anderen Bachen mitsaugen. Diese Art der Adoption, die sogenannte Ammentätigkeit, wird allerdings schwierig, wenn die Frischlinge ihre Stammzitzen bereits festgelegt haben und eine strikte „Zitzenordnung" herrscht. Der mutterlose Frischling kommt nur dann zum Zuge, wenn die eigenen Frischlinge der Bache satt sind und ihm das Saugen nicht mehr verwehren. Meistens sind die Überlebenschancen für diese Jungtiere daher eher gering. Für mich ist diese Verhaltensweise eine von vielen, die mir zeigt, wie ausgeprägt und vielfältig das Sozialleben von Wildschweinen ist.

weit von ihrer Schlafstelle. Bald hatten sie einen festen Toilettenplatz. Wenn einer der Geschwister sich auf den Weg machte und sich hinhockte, war das für die beiden anderen meist der Auslöser, es ihm gleichzutun.

## ERWEITERTES FUTTERANGEBOT

Die Futterrationen wurden immer größer. Schließlich musste ich die kleinen 125-ml-Nuckelflaschen gegen die größeren mit 250 ml Inhalt austauschen und diese dann auch zweimal hintereinander füllen, bis die drei endlich satt waren. Meine anfänglich „zarte" Rührschüssel für die Ferkelmilch musste einem schnöden Eimer weichen. Nun war meine Küche keine Säuglingsstation mehr, sondern eher ein geschäftiger Mensabetrieb.

Die Futterzusammensetzung Ferkelmilch mit pürierten Beilagen erwies sich als sinnvoll und richtig. So konnte ich die Fütterungsintervalle noch mehr strecken und die Schweine sahen prächtig aus.

Ich begann damit, ihnen festes Futter wie grobe Haferflocken, Maiskörner, süßen Dosenmais, Mehlwürmer, Obst und gekochte Kartoffeln anzubieten. Man gab sich zwar professionell, wühlte und schmatzte in dem angebotenen Futter, doch so wirklich begeistert waren sie nicht. Insgeheim warteten meine Frischlinge auf Mamis Nuckelflaschen mit dem bekannten leckeren Inhalt.

*Frischlinge – erst wenige Tage alt – erkunden schon die Welt.*

Allmählich wurde es Frühjahr und die ersten warmen Sonnenstrahlen waren zu spüren. So oft wie möglich öffnete ich die Fenster und Türen zum Stall, damit die Schweinekinder Sonnenlicht tanken konnten. Die Wärmelampe konnte ich tagsüber getrost ausschalten. Nur nachts machte ich sie (als etwas überfürsorgliche Mutter) wieder an.

Fast täglich packte ich ihnen neue Dinge zum Entdecken, Erkunden und zum Fressen in ihren Stall und hatte dankbare und intelligente Abnehmer. Aber es war langsam so weit. Meine jungen Wildschweine mussten nach draußen. Auch wenn ihr Gehege mehr als groß und geräumig war. Sie waren voll überschäumender Energie und Kraft. Das wilde Trio, allen voran die sportliche Ellie, hatte sich schon einige Male aus ihrem Quartier befreit. Obendrüber und untendurch. Und sie hatten meinen Stallraum komplett umdekoriert: Sie hatten Schnürsenkel aus den Wanderschuhen gezogen, Gummistiefel anprobiert, Blumentöpfe und Blumenerde auseinandergerissen und meine Schlappen versteckt. Den linken Schuh habe ich bis heute nicht gefunden.

Es wurde also Zeit für den wilden Wald, den richtigen Lebensraum für kleine, wilde Schweine, fernab von Erde in Tonschalen und getrockneten Mehlwürmern.

**FRISCHLING: EINE ENTWICKLUNG IM SCHNELLDURCHLAUF**

Frischlinge wachsen und entwickeln sich sehr rasch und sind dadurch überaus hohen körperlichen Beanspruchungen ausgesetzt. Alleine im ersten Lebensjahr muss der Hauptteil ihres Körperwachstums abgeschlossen sein und der Haarwechsel vom gestreiften Erstlingshaar über das zweite, bräunliche Jugendkleid in die Winterschwarte vollzogen werden. Außerdem werden Phasen des Zahnwechsels durchlaufen. Um diese ganzen energiezehrenden Prozesse erfolgreich absolvieren zu können, beginnen Frischlinge sehr früh damit, feste Nahrung aufzunehmen. Bereits im Alter von nur wenigen Tagen kann man sie beim Wühlen und bei der ersten Futtersuche beobachten.

*Im ersten Lebensjahr wird viel von ihnen erwartet.*

# EIN ZUHAUSE FÜR DAS WILDE TRIO

Meine Frischlingsaufzucht war in unserem kleinen Unternehmen natürlich kein Geheimnis geblieben. Durfte und sollte sie ja auch nicht. Frühzeitig hatte ich meinen Chef und die beiden Revierförster unseres Forstbetriebs in das Wildschweinprojekt mit einbezogen. Ich hielt sie regelmäßig über das Werden und Gedeihen meiner kleinen Ziehkinder auf dem Laufenden und ich freute mich, als regelmäßig mit großem Interesse nachgefragt wurde, wie sie sich denn machten. Irgendwie hielt der ganze Betrieb inklusive Chefsekretärin meinen Schweinekindern die Daumen! Das wilde Trio hatte so etwas wie einen Fanclub. Ich war übrigens die Vorsitzende, Kassenwartin und Schriftführerin in einem.

## DAS AUSWILDERUNGSGATTER ALS NEUES HEIM

Der Wildwald Vosswinkel ist eigentlich ein historisches Jagdgatter. In einem Revier mit einer Größe von mehr als 680 ha leben Wildschweine wie in freier Wildbahn. Ein kleiner Teil davon ist sogar für die Besucher des Wildwaldes erlebbar, denn ein Wanderweg von 1,5 km Länge führt direkt durch das Wildschweinrevier und lädt zum Beobachten ein.

Durch die enorme Weitläufigkeit des Reviers und durch ein absolutes Fütterungsverbot sind die Tiere nicht wie in anderen Tierparks zahm und zutraulich. Es gehört schon etwas Glück und vor allem das richtige Verhalten dazu, um hier Wildschweine zu entdecken. Aber genau so soll es ja im Wildwald sein. Der Name dieser Einrichtung sagt es bereits: Wild wie in freier Wildbahn, Wild im Wald. Es ist kein Zoo und es gibt keine Automaten mit Pellets.

Meine Ziehkinder stießen vor allem bei meinen Kollegen, die für das Jagdgatter verantwortlich sind, auf Begeisterung. Würden die drei Frischlinge doch für frisches Blut in dem großen Revier sorgen. Ein hoch offizielles Blutauffrischungsprojekt hatte also begonnen. Glücklicherweise war vor etlichen Jahren, angrenzend an das Wildschweinrevier, zusätzlich ein Quarantänegatter genau für solche Gelegenheiten gebaut worden. Bis jetzt nie genutzt, konnte es nun mit meinen wilden Frischlingen eingeweiht werden.

Erfreulicherweise begannen die Forstwirte bald damit, das Gatter zu kontrollieren, einige Schlagpfähle auszubessern und morsche Pfosten auszutauschen. Wie der Zufall und das Glück es wollten, befand sich das Gatter direkt hinter

**LEBENSRAUMANSPRÜCHE VON WILDSCHWEINEN**

Wildschweine in freier Wildbahn haben keine besonderen Ansprüche an ihren Lebensraum. Falls die klimatischen Bedingungen nicht allzu extrem sind und ruhige und sichere Rückzugsmöglichkeiten gegeben sind, gibt es nur sehr wenige Bereiche, die Wildschweine meiden oder nicht besiedeln. Am allerwichtigsten ist es für ihre Verbreitung jedoch, dass das Nahrungsangebot passt. Aber auch in diesem Bereich sind Wildschweine sehr anpassungsfähig, was ihnen bei der Eroberung ihrer Lebensräume zugutekommt. Somit ist es nicht weiter verwunderlich, dass diese Wildart in den letzten Jahren oberhalb der Baumgrenze sogar bis auf Almmatten in 2800 m Höhe zieht – natürlich jahreszeitlich passend, wenn das Nahrungsangebot dort attraktiv wird.

Wildschweine benötigen in ihrem Lebensraum unbedingt Waldbestände, die ihnen nicht nur Schutz und Sicherheit bieten, sondern auch trockene und warme Schlafplätze. Dies können zum Beispiel dicht und eng gewachsene Wäldchen mit Fichten oder aber alte Kiefern- und Eichenwälder sein. Wer glaubt, diese Wildart fühlt sich dauerhaft dort besonders wohl, wo es schön schlammig und feucht ist, der irrt gewaltig. Sie suchen solche Stellen nur hin und wieder zum Suhlen auf.

dem Jagdhaus. In drei Minuten konnte ich zu Fuß dort sein. Besser ging es wirklich nicht.

Während gehämmert und repariert wurde, nahm ich mir schon mal die Zeit, das künftige Revier meines Nachwuchses zu erkunden. Mit einer Größe von über 4,5 ha war die Fläche alles andere als klein und daher für eine erfolgreiche Auswilderung mehr als geeignet. Das Gatter war mit einer schönen, großen und dichten Buchendickung, alten Eichen und Buchen sowie einigen tief beasteten Fichten abwechslungsreich bewaldet. Zusätzlich gab es reichlich liegendes Totholz, kleine offene, mit Gras bewachsene Flächen und einen feuchten Graben. Sogar ich als kritische Schweinemama hatte nichts zu meckern.

Es war perfekt und bot den Wildschweinen genau das, was sie benötigten, um sich auf das Leben in Freiheit vorzubereiten.

## FREIGABE UND UMZUG

Leider – und dies war der einzige, kleine Mängelpunkt – hatte das Auswilderungsgatter nur einen etwas tieferen Graben, der im Sommer natürlich austrocknete. Ein kleiner Bachlauf oder ein Rinnsal wären toll gewesen. Mit einem Wassertank wurde in den folgenden Jahren Abhilfe geschaffen und so konnte ich mit einem Schlauch die Eimer und einen Holztrog mit Wasser füllen. Das Revier erfüllte also die Ansprüche eines Wildschweins zu nahezu 100 Prozent und ich wartete auf die endgültige Freigabe durch die Forstkollegen.

Mein Trio war mittlerweile etwa dreieinhalb Monate alt, gut entwickelt und kerngesund. Damit ich ruhig schlafen konnte, brachten wir als Unterschlupf und Schlafplatz für die Frischlinge ein gebogenes großes Wellblech in das Gatter. Reichlich Stroh sorgte für die nötige Bettwärme. Jetzt hatten sie einen regensicheren und geschützten Schlafplatz.

Ich erinnere mich an die lachenden Forstwirte, die mich dabei erwischten, wie ich die Strohbunde verlud: „Willst du es deinen Frischlingen schön gemütlich machen?“ Na ja, so Unrecht hatten die Jungs ja nicht. Ein bisschen verwöhnt waren meine Schweinekinder wohl schon.

Mithilfe einer großen Transportkiste brachte ich dann eines schönen Tages meinen Nachwuchs in sein neues Zuhause. Das Wetter war perfekt. Es war sonnig, trocken und das erste Grün schaute aus dem Boden. Ich war aufgeregt, weil ich absolut nicht einschätzen konnte, wie meine Frischlinge reagieren würden. Würden sie jammernd und quiekend am Gatter entlanglaufen und versuchen, mir hinterherzukommen? Würden sie sich als Familie erst einmal ausreichen? Würde sich die pfiffige und sportliche Ellie irgendwo ein Loch suchen, durchschlüpfen und verschwinden? Die anderen beiden mitnehmen und davon überzeugen, auf Wanderschaft zu gehen? Wieder schlaflose Nächte wegen dreier Wildschweine.

## ERSTE MUTIGE SCHRITTE IN DAS WILDE LEBEN

Ich machte das kleine Törchen zum Auswilderungsgatter auf, stellte die große Holzkiste vorsichtig auf den Waldboden und öffnete die Klappen. Nichts zu sehen. Keine Nase und kein Ohr. Nicht einmal ein winziges, borstiges Stückchen davon. Man hatte sich dezent zurückgezogen, in das hinterste Eck der Holzkiste. Vorsichtshalber. Es war ja alles sehr unheimlich, selbst für selbstbewusste kleine Schweine. Sogar für Fräulein Ellie, die doch sonst immer so vorwitzig war. Die große weite Welt war schon ein wenig anders als das überschaubare Gehege im Stall.

Mit einigem Nachhelfen und sanftem Schubsen war es schließlich so weit: Mein Trio schaute sich verdutzt um und was anschließend passierte, war die allerschönste Bestätigung, dass diese Aktion und meine Entscheidung, die Frischlinge großzuziehen, das Allerrichtigste gewesen war. Die ganze Mühe mit Ferkelmilch, täglichem Wildschweintransport in den Wildwald, pürierten Bananen und verloren gegangenen Schlappen war es wert gewesen: glücklichste Wildschweine! Plötzlich, als hätte jemand das Startzeichen gegeben, tobten sie los. Hin und her, durch das raschelnde Laub, durch eine Schlammpfütze. Mit voller Geschwindigkeit, kurzer Stopp und im rasanten Tempo wieder zurück zu mir. Sie wussten gar nicht, wohin sie als Erstes sollten. Es gab ja keine Holzlatten und keine Grenzen mehr!

Knatterton wurde plötzlich außergewöhnlich mutig und schmiss sich als Erster mit beneidenswerter Hingabe in eine schlammige, flache Lache und hopste mit einer übermütigen Drehung gleich wieder los. Man musste sich eigentlich nur hinhocken und dieses Schauspiel genießen.

Später als sich die kleine Bande ein wenig beruhigt hatte, bummelte ich mit ihnen los, um ihnen – in nächster Nähe zum Törchen – ihren Schlafplatz zu zeigen. Mit den dreien im Schlepptau kroch ich unter das enge Wellblech und kämpfte mich auf allen vieren durch das Stroh: „Schaut mal, hier müsst ihr schlafen. Unter diesem Strohberg habt ihr es warm und gemütlich." Ich drückte und grub begeistert in dem Stroh herum wie ein übermotivierter Verkäufer im Bettenlager, der seinen Kunden die tolle, rückenschonende Federkernmatratze anpreisen möchte. Was tut man nicht alles für seinen Nachwuchs?

*Das Wellblech für verwöhnte Schweinekinder: Hier ist ihr geschützter Schlafplatz.*

Hoffentlich hatte mich niemand gesehen! Scheinbar verstanden meine Schweinekinder mein Anliegen. Sie wuselten mir munter hinterher, quetschten mir ihre Nasen in die Seite und ins Gesicht und fanden es ganz toll, dass ich plötzlich auf Augenhöhe war.

In den folgenden Wochen sollte ich sie fast täglich schlafend unter dem Stroh finden, manchmal waren sie kaum zu sehen. Nur ihre schwarzen „Gumminasen" schauten hervor. Ich war erleichtert. Wusste ich doch, dass es bei anhaltendem Regen und Wind einen trockenen und warmen Platz gab, den das Trio kannte und mochte.

Bachen erkunden übrigens mit ihren Frischlingen in immer länger werdenden Streifzügen ebenfalls das angestammte Revier. Im sicheren Gewahrsam ihrer wehrhaften und fürsorglichen Mutter lernen sie so nach und nach ihren Lebensraum kennen: Diesen Part musste ich also ebenfalls übernehmen. Fürsorglich und wehrhaft war ich allemal!

Bevor ich an diesem Tag meine Schweinekinder zum allerersten Mal alleine ließ, streute ich ihnen zur Ablenkung leckeren, süßen Dosenmais und Haferflocken auf den Boden. Schnell schlüpfte ich aus der Tür. Alle drei waren mit der neuen Umgebung und dem Futter so beschäftigt, dass sie meinen Rückzug gar nicht registrierten.

*Erste spannende Tage im Auswilderungsrevier.*

Zwei (lange) Stunden später ging ich mit meinem Nuckelhaltergestell und meinen sechs gefüllten Flaschen zum Gatter. Sie warteten bereits am Törchen, nicht schreiend und in Panik, aber doch sehr glücklich, dass ich wieder da war und mich kümmerte.

Ellie, überschwänglich und ungestüm wie immer, schubste gleich das Gestell um, Fräulein Trudi und Knatterton umringten mich begeistert und hatten unglaublich viel zu „erzählen“. Ich stellte die Halterung auf, bändigte mit der anderen Hand die wilde Ellie und setzte mich daneben. Sofort suchte ein jeder seinen Platz auf und fing lauthals an zu schmatzen. Mittlerweile hatten die drei Schweine viel Kraft und legten beim Trinken einen derartigen Elan an den Tag, dass ich das Gestell stets festhalten musste.

Meine Frischlinge machten einen wunderbar entspannten und zufriedenen Eindruck, sie wirkten keineswegs gestresst. Glücklicherweise orientierten sie sich, wie erhofft und gewünscht, tatsächlich aneinander und kamen als „Winzigrotte“ in dieser fremden Umgebung toll zurecht.

Wäre ein Frischling hier ganz alleine hingebracht worden, er wäre bis in den nächsten Ort zu hören gewesen. Er hätte nach seiner einzigen Bezugsperson, nämlich „seinem Menschen“ laut geschrien, vermutlich stundenlang. Eine schreckliche Quälerei. Aber so konnte (und sollte) es gelingen.

## SCHÖNER ALLTAG IM REVIER

Wir entwickelten eine entspannte Routine. Wieder einmal. Darin waren wir mittlerweile ein eingespieltes Team. Morgens, vor der Arbeit, ging ich in das Gatter und fütterte meine Frischlinge. Das Flaschengestell hatte ich nun dort deponiert. Zusätzlich zu der Milch gab ich ihnen feste Nahrung, die ich im Gatter verstreute. Mittags und abends gab es die zweite und dritte Portion.

Nach der ersten überschwänglichen Begrüßung, mit Nase an Nase, Nase an die Stirn und an das Bein gestupst und kurzen, netten Grunzlauten wurde hungrig gesaugt. Setzte ich mich dann zu ihnen auf den Waldboden, lagen sie bald alle neben mir, vor mir und halb auf mir, um sich absuchen und mit den Fingern massieren zu lassen. Der soziale Kontakt und eine enge Körperfühlung waren ihnen nach wie vor sehr wichtig. Dafür ließ ich mir immer viel Zeit, letztendlich hatten sie fast den ganzen Tag ohne mich verbracht.

Ich massierte Nasenrücken, schaute in und hinter die Ohren. Kraulte und betüddelte sie besonders ausgiebig und sorgfältig am Nacken, an den Schenkeln und natürlich am Bauch. Wehe einem wurde mehr Aufmerksamkeit zuteil als dem anderen! Besonders Fräulein Trudi verstand sich darauf, flugs aufzustehen und sich einfach dazwischenzuschmeißen: „Jetzt aber ich!"

Bislang ließen die Beobachtungen, die ich alltäglich im Auswilderungsgatter machen konnte, darauf schließen, dass mein Schweineprojekt ein voller Erfolg war. Die Wildschweine verhielten sich genau so, wie ich es mir gewünscht hatte – wie Wildschweine eben! Sie unternahmen immer weitere Erkundungstouren, wurden mutiger und selbstbewusster, blieben dabei aber stets zusammen. Regelmäßig fanden sie sich am Tor oder am Wellblech ein, um auf mich zu warten. Hier war ihr Stützpunkt.

*Klein Knatterton möchte gerne gekrault werden…*

*… Mehr!*

*Völlig entspannt nach der Ganzkörpermassage*

**SOZIALE KÖRPERPFLEGE SCHAFFT BINDUNG**

Innerhalb einer Wildschweinrotte und vor allem innerhalb einer Mutterfamilie ist der Sozialkontakt sehr ausgeprägt. Die Tiere ruhen gemeinsam im Kessel und liegen dort meist eng beisammen. Auch das gegenseitige systematische Absuchen des Körpers und der Borsten mit der Nase nach festgesaugten Zecken oder sonstigen „Fremdkörpern“ festigt und vertieft den Kontakt zwischen den Rottenmitgliedern.
Heinz Meynhardt hat dabei festgestellt, dass vor allem ältere Tiere ein intensives Putzverhalten zeigen.

## ZU VIERT AUF INSEKTENJAGD

An einem sonnigen Wochenende machte ich mich mit meinen Schweinekindern auf Futtersuche. Mir war es sehr wichtig, dass sie ausreichend mit tierischem Eiweiß versorgt wurden, denn während ihres raschen Wachstums war der Proteinbedarf besonders hoch.

Wie eine Bache mit ihrem Nachwuchs loszieht, um Futter zu suchen, und ihm dabei mit ihrer Nase und ihrer Wühltätigkeit die Suche nach Nahrung etwas erleichtert, so machte ich es ebenfalls. Nur das mit der Nase ließ ich besser weg.

Ich zog mir dreckige, alte Hosen und Gummistiefel an und los ging's! Neugierig und eifrig liefen mir die drei hinterher. Als ich mich hinsetzte und einige dicke Äste, kleine Holzstücke und Eichenwurzeln umdrehte, wichen sie zunächst zurück, beäugten das Ganze jedoch äußerst interessiert aus der sicheren Ferne. Als ich damit begann, im Boden und am morschen Holz herumzupuhlen, hatte ich sie schnell wieder neben mir stehen. Erstaunlicherweise war es der kleine verträumte Nick Knatterton, der den ersten großen Tausendfüßler entdeckte und verspeiste. Aber wir suchten weiter, munter vor uns hin schwatzend, und allmählich wurden auch die beiden Bachen neugieriger. Nachdem wir noch

*Da ist doch irgendwo „der Wurm drin"!*

einen Regenwurm und einen Engerling gefunden hatten, hatten sie den Dreh raus. Sie hatten erkannt, worum es ging.

Begeistert folgten sie mir mit aufgeregt wedelndem Pürzel von einer Wurzel zur nächsten. Warteten ungeduldig darauf, dass ich endlich den nächsten Eichenklotz umdrehte. Zunächst suchten sie mit ihren kleinen gummiartigen Nasen – der Fachmann sagt übrigens Wurfscheibe oder auch Rüsselscheibe dazu – im Holz und in den Ritzen nach Insekten. Danach wühlten sie im feuchten Waldboden, auf dem das Holz oder die Wurzel gelegen hatte, nach weiteren Leckerbissen. Ich war sehr verwundert, mit welch ausgefeilter Methodik sie bereits nach kurzer Zeit an die Sache herangingen und mit welcher Technik und bald schon Geschicklichkeit sie Asseln, Raupen und Käfer aus dem Holz fummelten. Mithilfe der Unterlippe und der Zunge wurden Käfer und Larven aus kleinsten Ritzen herausgeholt und komplett aufgefressen (ich habe nicht beobachtet, dass sie irgendwelche harten Chitinpanzer wieder ausspuckten). Funktionierte dieser Trick nicht, so bissen sie sogar in das morsche Holz, um an die Fraßgänge und die darin verborgenen Larven und Puppen zu gelangen.

**LEBENSWICHTIGES TIERISCHES EIWEISS**

Vor allem bei Frischlingen scheint der Bedarf an tierischer Nahrung hoch zu sein. Das erscheint einleuchtend, wenn man das rasche Wachstum der jungen Schweine und den damit verbundenen hohen Protein- und Energiebedarf bedenkt. Auch laktierende, also säugende Bachen benötigen mehr tierisches Eiweiß für die Milchproduktion. Durch die Untersuchung von Mageninhalten konnte tatsächlich nachgewiesen werden, dass der Anteil tierischer Nahrung bei Frischlingen und jungen Wildschweinen bis etwa zwei Jahren signifikant höher liegt als bei erwachsenen Tieren.

In allen Verbreitungsgebieten von Wildschweinen gehören Regenwürmer, die durch das Wühlen im Boden aufgespürt werden, zum ständigen Nahrungsspektrum. Sie sind deshalb so begehrt und als Nahrungsbestandteil wichtig, weil sie beständig tierisches Protein und das entscheidende mineralienhaltige Vitamin B12 liefern, das außerdem im Zusammenhang mit dem Nervensystem, dem Stoffwechsel, dem Immunsystem sowie der Blutbildung eine wichtige Rolle spielt. Allerdings sehen viele Experten die Aufnahme von Regenwürmern als einen Grund für den hohen Befall der Wildschweine mit Lungennematoden. Regenwürmer sind für diese Art der Zwischenwirt.

*Ellie bei der Nahrungssuche:*
*Meine Wildschweine werden tatsächlich allmählich erwachsen.*

Knatterton erwies sich als Naturtalent und schon nach kurzer Zeit war ich ihm zu langsam. Er wusste jetzt, wie er an das leckere Futter gelangen konnte, und drehte sich die vermoderten Holzstücke selbst um, blieb aber in meiner unmittelbaren Nähe.

Ellie und Trudi verließen sich dagegen voll und ganz auf mich und liefen mir geschäftig hinterher, immer in Erwartung des nächsten Regenwurms, der sich dort irgendwo im Laub versteckte. Letztendlich musste ich das Holz nur noch umdrehen und bald schon drängelten sie sich darum, zankten und schubsten sich, um als Erste an die Insekten zu kommen.

In den folgenden Wochen saß ich häufig auf einem Buchenstubben und schaute meinen Schweinekindern einfach nur zu. Nachdem ich freudig und lautstark begrüßt worden war, wurde meine Anwesenheit schnell selbstverständlich. Sie verteilten sich um mich herum, blieben in meiner Nähe. In regelmäßigen Abständen trabte einer von ihnen zu mir, stupste mich an der Hand oder am Bein an, als wollten sie sich vergewissern, dass ich noch da war, um gleich darauf zufrieden und selbstbewusst ihrer Beschäftigung nachzugehen. Ab und an legten sie sich zu meinen Füßen nieder und nur drei Finger zur kurzen Massage reichten aus, damit sich das Schweinchen zufrieden auf die Seite schmiss.

Sie waren innerhalb kurzer Zeit richtige Profis geworden und zeigten alle Verhaltensweisen eines „wilden Wildschweins“. Mittlerweile hielten sie sich auch in den oberen Bereichen des Gatterreviers auf und wühlten im Boden nach Fressbarem. Schon als kleine Frischlinge hatten sie früh damit begonnen, im Stroh und Heu herumzusuchen, später in der Erde, die ich ihnen anbot. Angespornt durch unsere erfolgreiche Insektenjagd, gruben sie sich nun durch den Wald. Immer zusammen, häufig Kopf an Kopf. Bei trockenem, schwerem Boden mussten sie sich bisweilen mit dem ganzen Körper dagegenstemmen, um Erdbrocken herausbewegen zu können. Wenn es gar zu mühsam war, gingen sie dafür sogar in die Knie. Ich konnte ihnen stundenlang dabei zusehen und fand es besonders nett, wenn sie alle drei nach getaner Wühlarbeit mit einem großen Klecks Lehm auf dem Nasenrücken zufrieden zu mir kamen, um erst einmal ein bisschen zu verschnaufen. Meine Schweine entdeckten auch schlammige Wasserpfützen und wagten erste, etwas unbeholfene Versuche, sich darin zu suhlen.

## MALBÄUME FÜR JEDEN KÖRPERTEIL

Sie schubberten sich an Bäumchen und den dicken, rauen Eichenstämmen. Der Jäger bezeichnet diese „Schubberstämme“ als Malbäume. Mittlerweile hatten sie sich Lieblings-Malbäume auserkoren, die sie alle drei benutzten.

Erstaunlich war es zu sehen, dass unterschiedliche Bäume für verschiedene Körperteile genutzt wurden. Das Hinterteil wurde an einem liegenden Eichenstamm bearbeitet und dabei mit sichtlichem Wohlbehagen hin- und herbewegt. Für die scheinbar empfindlichere Bauchpartie hatten sie sich einen glatteren

### OHNE GEHT'S NICHT: WÜHLEN IM BODEN NACH WILDSCHWEINART

Den Großteil seiner Nahrung gewinnt ein Wildschwein durch das Wühlen im Boden. Der Jäger spricht hier übrigens vom „Brechen“. Dort in der Streu, im Humus, unter Ästen und unter der Grasnarbe findet es seine bevorzugte Nahrung wie Wurzeln, Pflanzenteile und die bereits erwähnte tierische Nahrung. Bei der Nahrungssuche und dem präzisen Auffinden des Futters kommt der Wurf- bzw. Rüsselscheibe, also der Nase, und den darauf befindlichen Tastorganen (Sinushaare) eine wichtige Funktion zu. Wildschweine drücken den oberen Rand der Wurfscheibe keilförmig in den Boden, bewegen ihren Kopf nach vorne und werfen so die Erde, die Streu, aber auch schwere Steine und Hölzer, ja sogar Wurzeln zur Seite. Eigentlich bietet nur starker Frost oder lang andauernde Trockenheit dieser Art der Nahrungssuche Einhalt oder schränkt sie zumindest etwas ein.

Buchenstamm ausgewählt. Der Kopf bzw. das Kinn und der Hals wurden ebenfalls an einem rauen Eichenstämmchen gescheuert.

Man vermutet ja, dass sich Frischlinge das Scheuern bzw. Malen von ihrer Mutter abschauen und es dann imitieren. Da ich es meinen Schweinekindern jedoch nicht vorgemacht und vorgeführt habe (darauf hatte ich wirklich verzichtet), sie aber trotzdem bereits erste Ansätze dazu im jungen Alter von nur wenigen Wochen zeigten, schließe ich daraus, dass diese Verhaltensweise angeboren ist und durch regelmäßige Übung verfeinert wird. Waren die Versuche als winzige Frischlinge noch äußerst unbeholfen und wackelig, machte das Ganze nun doch einen sehr viel gekonnteren Eindruck. Man sah es den Schweinen richtig an, dass sie das Scheuern genossen und es ihnen guttat.

Meine Wildschweine legten sich in die wärmende Sonne und schoben ihren Kopf in das Laub. Sie horchten, witterten und flüchteten in die dichte Buchendickung, wenn irgendetwas einem von ihnen unheimlich wurde. Ein kurzes Schnauben, Pusten – und Alarm! Flucht!

Sie hielten immer stimmlichen Kontakt zueinander, auch beim Fressen. Ein tiefes, leises und kurzes Grunzen. Einer fragt, ein anderer antwortet: „Alle noch da?“ – „Ja, alles prima.“ – „Wir bleiben noch hier am Mais?“ – „Ja, fänd‘ ich gut.“ So würde man es als Mensch wohl deuten. Der Verhaltensforscher sagt Stimmfühlungslaute dazu.

**IMMER IN KONTAKT**

Stimmfühlungslaute sind nur wenige Meter hörbar und werden vor allem zwischen Bache und Frischlingen intensiv ausgetauscht, um in Kontakt zu bleiben.

Ältere Wildschweine in einer Rotte bleiben beim Wühlen ebenfalls meist zusammen, verhalten sich aber weitestgehend still. Vielleicht liegt es daran, dass die adulten Tiere selbstbewusster und eigenständiger sind und nicht den andauernden Kontakt zu ihren Artgenossen benötigen, um sich sicher zu fühlen. Eventuell dient dieses „leise“ Verhalten auch der Feindvermeidung; man möchte niemanden auf sich aufmerksam machen.

*Irgendwo war doch Geplätscher zu hören? Trudi rückt an.*

## BELIEBTE WASSERSPIELE

Die Schweinekinder hatten außerdem das Element Wasser für sich entdeckt! Mithilfe des Tanks konnte ich ihnen täglich einen schweren Holztrog befüllen. Vor allem die gut gebaute Trudi war es, die erwartungsvoll ankam, wenn sie das Wasser plätschern hörte. Meist versuchte ich, die Wassertröge und Eimer „heimlich" aufzufüllen, ohne dass es die Rotte mitbekam. Der Grund dafür war oben genanntes Wildschwein, das sich in der Nähe von Wasser in ein Nilpferd verwandelte: Nachdem es schnell getrunken hatte, stellte sich nämlich das komplette Schweinekind in den Trog, um sich dann hineinzulegen. Oder besser gesagt: reinzuwerfen! Bei dieser Aktion quetschte sie natürlich (vor allem dank ihrer nicht unbeträchtlichen Leibesfülle) die Hälfte des Wassers hinaus. Die andere Hälfte kippte sie anschließend, klatschnass und strubbelig, mit einem kraftvollen Schubs um. Den „Spaß", den sie anschließend dabei hatte, in dem herrlich matschigen Boden herumzuwühlen, machte es mir unmöglich, ihr deswegen böse zu sein. Also wieder einmal ein Einsatz für meinen findigen Kollegen, der eine Halterung betonierte, in die ich einen 20-l-Eimer genau passend hineinstellen konnte. Nun konnte das gewichtige Schweinemädchen zwar nichts mehr umschmeißen, doch sie sollte es bald gelernt haben, mit den Zähnen den knappen Rand vom Eimer zu packen und ihn herauszuziehen. Sagenhaft! Befüllte ich das Behältnis neu, so wurde natürlich getrunken, aber vor allem mit dem Wasser gespielt. Alle drei hatten keine Bedenken, ihre dicken Schweineköpfe tief in das Wasser zu tauchen.

*Knubbelige Hinterteile haben sie noch immer.*

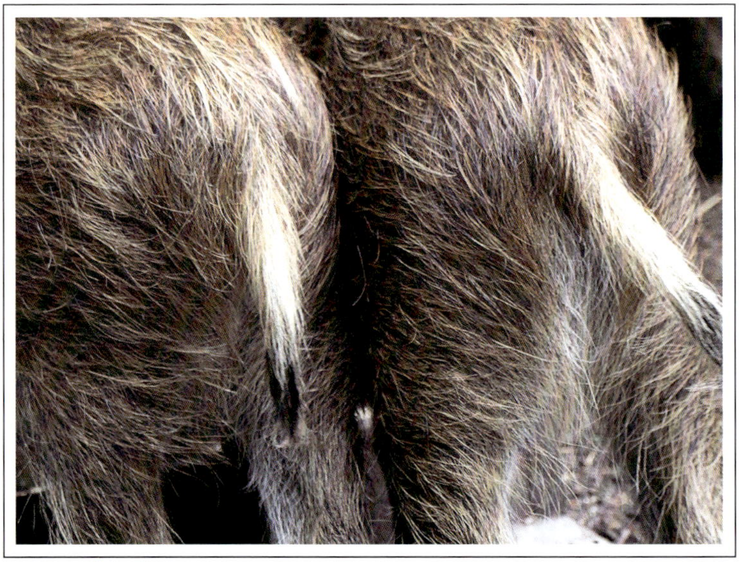

Ich hätte nicht vermutet, dass Wildschweine Wasser tatsächlich spielerisch nutzen, darin herumplantschen und regelrecht davon angezogen werden. Diese Begeisterung für das nasse Element konnte ich nicht nur bei jungen Schweinen, sondern später auch bei den älteren Tieren feststellen.

Ich war erleichtert und auch ein wenig stolz. Die drei kleinen „Handvoll Frischlinge" waren auf dem besten Weg, zu richtigen Wildschweinen heranzuwachsen. Ihre ureigenen Instinkte waren trotz schmetterlingsverzierter Nuckelflaschen und Bananenbrei alle da und konnten im sicheren Auswilderungsgatter geübt und gefestigt werden.

**WICHTIGER FAKTOR IM WILDSCHWEINREVIER: WASSER**

Wasser in ihrem Lebensraum, sei es ein Teich oder ein Bach, kommt Wildschweinen sehr entgegen. In Feucht- oder Seengebieten kommt dieser Wildart zugute, dass sie ausgezeichnete Schwimmer sind und auch freiwillig ins Wasser gehen. Feuchte und sumpfige Lebensräume stellen für sie aufgrund ihrer guten Wärmeisolation kein Problem dar. Was bei einem Pferd als Huf bezeichnet wird, das sind bei einem Wildschwein die Schalen bzw. Klauen. Ähnlich wie wir unsere Zeige- und Mittelfinger auseinanderbewegen können, so spreizen Wildschweine ihre Schalen und sind damit – zusammen mit ihrer gedrungenen Statur – in der Lage, sicher und fast schon elegant morastige und nasse Böden zu überqueren.

Zudem wachsen am und im Wasser Pflanzen, die das Schwarzwild gerne frisst. Dies sind zum Beispiel Binsen, Schilf und die Wurzeln zahlreicher Wasserpflanzen. Zur Laichzeit von Fröschen und Kröten suchen Wildschweine ebenfalls bevorzugt die Teiche auf, um an die eiweißhaltigen Laichballen zu gelangen. Eine feine Delikatesse.

# ENTSPANNTE SCHWEINETAGE

Wir machten uns gemütliche und entspannte Tage. Lilli kontrollierte jenseits des Zauns sehr motiviert und voller Elan die Mäusepopulation und ich saß bei meinen Schweinen. Mittlerweile fühlten sie sich im kompletten Gatter wohl und sicher.

*Spätsommer im Auswilderungsrevier: eine perfekte Wildschweinidylle.*

## DAS ENDE DER SÄUGEZEIT

Wildschweinfrischlinge werden relativ lange gesäugt. Erst ab dem dritten oder vierten Lebensmonat werden sie entwöhnt. Es sei den strapazierten Bachen gegönnt. Die Aufzucht von fünf bis sechs, manchmal sogar noch mehr Frischlingen sieht man den Müttern an: eingefallene Flanken, hervorstehende Rippen. Die Aufzucht des Nachwuchses zehrt an den Reserven.

Und auch mir war es nach etwa dieser Zeit vergönnt, Waage, Messbecher und Rührbesen wegzuräumen. Der letzte Sack Ferkelmilch war angebrochen. Meine Dreierbande fügte sich dem erstaunlich klaglos. Ich reduzierte die Milchfütterungen nach und nach, ließ sie dann vollkommen weg und gab ihnen nur noch feste Nahrung. Sie kamen wunderbar damit zurecht. Scheinbar waren sie doch nicht so verwöhnt wie vermutet!

## KATER TOMTE UND DIE SCHWEINE

Meine Schweinekinder machten zu dieser Zeit auch die Bekanntschaft von Tomte, meinem roten Norwegischen Waldkater. Schon lange schien es ihn zu interessieren, was Lilli und ich dort hinten im Wald wohl andauernd machten. Und so spazierte er dann eines Tages auf seinen dicken, plüschigen Samtpfoten lässig durch das Gatter. Dies dauerte aber nur so lange, bis ihn das wilde Trio entdeckte! Man stutzte zunächst, denn ein derart sonderbar haariges Tier hatte man noch nicht gesehen, und beschloss, – am besten gemeinsam – diesem Phänomen schleunigst auf den Grund zu gehen.

Drei kleine Wildschweine, mit Trudi an der Spitze, machten sich also mit aufgestellten Ohren, hoch aufgerichtetem Pürzel und im flotten Trab auf den Weg, sich das „rote Dingsbums" mal aus der Nähe anzusehen. Der Kater war derart mit der Erkundung des Revieres beschäftigt, dass er die neugierige Truppe, die da auf ihn zukam, zunächst gar nicht bemerkte. Das Entsetzen in seinen Augen, als er sich umdrehte und ihrer gewahr wurde, war enorm. Mit einem riesigen Satz war er an einer alten Buche angelangt und mit einem noch größeren Sprung auf der anderen Zaunseite. Ein einprägsames, leicht traumatisierendes Erlebnis für den armen Tomte, der es seitdem tunlichst vermied, das Gatter zu betreten.

Die so typische Streifenzeichnung meiner Frischlinge begann zu verblassen und sie zeigten sich in der rot-braunen Übergangsfärbung, dem zweiten Jugendhaar, das von Monat zu Monat der normalen Borstenfarbe ähnlicher wurde.

*Tomte lernt das Trio kennen – und ist bei drei auf dem Baum!*

*Die niedlichen Frischlingsstreifen verblassen allmählich.*

**WENN DIE STREIFEN VERSCHWINDEN**

Das gestreifte, niedlich anzusehende Frischlingshaar weist zwar bereits eine recht gute Wärmeisolierung auf, ist jedoch gegen mechanische Einflüsse und Feuchtigkeit wenig widerstandsfähig. Dieses erste Haarkleid wird etwa drei bis vier Monate getragen, dann wird es allmählich fester und stärker. Die Streifung verliert sich und geht in einen bräunlichen Farbton über. Dieses Haar ist wesentlich grober als das vorherige, jedoch weicher und zarter als das der ausgewachsenen Tiere. Fasst man einen Frischling im Winter an, so fällt sofort auf, dass die isolierende helle Unterwolle lange nicht so dick und „flächendeckend" ausgebildet ist wie bei einem ausgewachsenen Tier.

In der morgendlichen Frühstückspause im Wildwald mussten sich meine Kolleginnen und Kollegen nun meist irgendwelche begeisterten Schweinegeschichten anhören: wie sich meine Frischlinge verhielten, was sie gefressen hatten, dass sie Alarm geschlagen hatten und daraufhin artgemäß und vollkommen korrekt in die sichere Dickung verschwunden waren. Sie hatten ihre ersten Äpfel gefressen und Eintagsküken probiert. Und überhaupt, sie waren so wunderschön. Ich hatte sicherlich erschreckende Ähnlichkeit mit einer überkandidelten Mutter, die bei jedem Krabbelgruppentreffen stolz von Kai-Uwe erzählt, der es mit außerordentlichem Talent und Geschick geschafft hat, 5 m ohne Stützräder zu fahren und dabei noch wunderbar zu singen.

## EHRGEIZIGE ZUKUNFTSPLÄNE

Nun sollte und musste das Auswilderungsprojekt jedoch weitergeführt werden. Nur als Großrotte konnten sich meine Wildschweine im tatsächlichen Jagdgatter zwischen all den anderen Verbänden durchsetzen.

Nick Knatterton würde sich spätestens im kommenden Jahr als Überläuferkeiler alleine auf den Weg machen und sich von uns verabschieden. Als Keiler würde er später als Einzelgänger unterwegs sein. Die beiden jungen, unerfahrenen und unsicheren Bachen allerdings, hätten es auch als Duo gegen die alteingesessenen vielköpfigen Rotten sehr schwer. Nur in einer eigenen, intakten und vor allem großen Rotte wären sie sicher und wehrhaft genug, sich einen festen Platz im Revier zu erobern.

Das hieß in der logischen Schlussfolgerung: Meine Schweine mussten sich vermehren. Ein Keiler sollte her. Und damit dem frischen Blut nochmals eins draufgesetzt werden konnte, entschied sich der Forstbetrieb dazu, einen fremden Keiler aus einem anderen Jagdgatter dazuzukaufen. Doppelt hält besser!

So ergaben es der Zufall und der Kontakt eines Kollegen, dass irgendwo in Franken ein dreijähriger Keiler gegen einen Muffelwidder, den wir hatten, ausgetauscht werden sollte. Ein einzigartiges Austauschprogramm sozusagen. Zwischen Franken und dem Sauerland.

Es sollte tatsächlich ein erfolgreiches Projekt werden. Doch ich hatte selten ein so hässliches Wildschwein gesehen, wie es der „Fränkische Otto“ war.

**FAMILIENVERBÄNDE: OFT MIT WECHSELNDER BESETZUNG**
Wildschweine leben in Verbänden zusammen. Je nach Jahresverlauf, und ich meine auch je nach Nahrungsangebot, gibt es verschiedene Grundmuster für die Vergesellschaftung: die Mutterfamilie (Bache mit Frischlingen), die Zweierrotte (zwei Bachen mit ihren Frischlingen) und die Zweierrotte mit den dazugehörigen Überläufern. Es folgt noch die Großrotte (mehr als zwei Bachen mit Frischlingen und Überläufern) sowie die Überläufertrupps. Kern bzw. Grundform der Vergesellschaftung bildet die Mutterfamilie. In diesen sogenannten Rotten herrschen strenge, aber gerechte Rangordnungen, die jedoch immer wieder verändert werden können.

# DER HÄSSLICHE OTTO

Im Spätherbst sollte die Keilertauschaktion stattfinden. Ein Unterfangen, dessen Zweck ich nachvollziehen konnte, mir aber trotzdem Unbehagen bereitete. Ein dreijähriger Keiler. Vermutlich war er gut entwickelt und stark. Wie würde er sich meinen jungen Schweinen gegenüber verhalten, die noch nicht einmal ein Jahr alt waren?

## EIN FRÄNKISCHER KEILER ZIEHT EIN

Der Keiler war bereits früh am Morgen gebracht worden. Mit etwas gemischten Gefühlen ging ich nachmittags zum Gatter. Wo war mein Trio? Hatten sie sich verängstigt irgendwo verkrochen? Aber die Frischlinge erwarteten mich fröhlich und gut gelaunt, mit wedelnden Pürzeln und hoch aufgestellten Ohren. Sie verhielten sich wie immer, sie hatten Hunger und viel zu berichten. So weit, so gut. Ich fütterte die zappelige Bande und behielt meine Umgebung sorgfältig im Blick. Ich kannte den fränkischen Keiler ja nicht und konnte noch gar nicht einschätzen, wie er sich Menschen gegenüber verhielt.

Aber er war nicht zu sehen. Wo war er denn, mein borstiger, männlicher Neuzugang? Vorsichtshalber verließ ich das Gatter schnell und ging außen am Zaun entlang. Unsere erste Begegnung wollte ich doch lieber mit einem netten stabilen Zaun zwischen mir und ihm beginnen. Die Einfangaktion in Franken, der lange Transport und nun eine fremde Umgebung; man hatte dem Tier schon sehr viel zugemutet. Unnötigen zusätzlichen Stress wollte ich ihm ersparen – und mir übrigens auch.

Ich blieb immer wieder stehen, um in den Bestand zu schauen. Spähte durch die jungen Eichen und kletterte auf das Zaungeflecht, um einen besseren Überblick zu haben. Nichts zu sehen. Fast wäre ich an ihm vorbeigelaufen, so regungslos stand er in der dichten Buchendickung. Irgendwie hatte er sich zwischen die dünnen Bäumchen gequetscht und dort verharrte er nun mit gesenktem Kopf. Er stand wie ein großer dunkler Schatten und behielt mich wachsam im Auge. Wahrscheinlich hatte er mich bereits seit einiger Zeit im Visier. Nur hatte ich es mit meinen dürftigen menschlichen Sinnesorganen nicht bemerkt. Ich schmiss einige Äpfel und mehrere Schaufeln Mais über den Zaun, doch der Keiler blieb in seiner sicheren Deckung. Er regte sich nicht und ich ließ ihn in Ruhe.

Erst am folgenden Tag konnte ich ihn in seiner ganzen Pracht bewundern. Er war weiter nach unten gezogen und kam sogar aus dem Bestand heraus, um zu fressen. Und so konnte ich ihn mir genau ansehen. Um es kurz zusammenzufassen, der Fränkische Otto – so hatte ich ihn spontan getauft – war potthässlich: Er war schrecklich mager, knochig und an den Flanken deutlich eingefallen. Seine Proportionen konnte man wahrlich nicht als harmonisch bezeichnen, denn irgendwie passte so gar nichts zusammen. Er besaß nicht den für einen Wildschweinkeiler typischen gedrungenen und muskulösen Körperbau. Otto war recht hochbeinig und seine Figur mit der stark abfallenden Rückenlinie erinnerte mich eher an einen armen, Hüftdysplasie-geplagten Altdeutschen Schäferhund. Der Nasenrücken war zudem ungewöhnlich lang und beulig.

Otto war nicht das, was man von einem dreijährigen Keiler eigentlich erwarten sollte. Er sah aus wie ein „Wildschwein-Alf". Den Vater meiner „Enkelschweine", mein „Schwiegerschwein" sozusagen, hatte ich mir eigentlich ein wenig attraktiver gewünscht. Nun konnte ich nur hoffen, dass er einen netten und gefälligen Charakter aufzuweisen hatte.

In den folgenden Tagen verbrachte ich viel Zeit in und am Gatter, um Otto zu beobachten, kennenzulernen und vor allem, um ihn besser einschätzen zu können. Er hatte sich relativ schnell von den Strapazen der Reise erholt und bewegte sich entspannt und ohne Hektik im Gatterrevier.

*Der hässliche Otto, mein „Schwiegerschwein", mal wieder in typisch lauernder Haltung.*

## GROSSMÜTIGE WILDSCHWEINKEILER

Entgegen meiner anfänglichen Befürchtungen war Otto dem Trio gegenüber sehr duldsam und gutmütig. Mein kleiner pubertierender Knatterton hatte endlich einen Geschlechtsgenossen und benutzte seinen älteren Kollegen, um seine Kräfte zu testen. In seitlichen Tippelschritten, mit hoch aufgestellten Federn (so nennt man die Borsten auf dem Rücken) tänzelte er immer wieder, wie auf Zehenspitzen und den Rücken leicht gekrümmt, auf den großen Keiler zu. Doch glücklicherweise beachtete der ihn nicht. Er nahm ihn kaum wahr. Ich war erleichtert, hatte ich doch ein wenig um mein Keilerchen gebangt.

In den kommenden Wochen und Monaten folgte Knatterton wie ein beflissener und strebsamer Schülerpraktikant dem hässlichen Otto und wurde von diesem toleriert. Dieses Verhalten zwischen jungen und alten Keilern konnte ich übrigens noch häufiger beobachten. Scheinbar halten ältere Keiler das andauernde Verjagen und Maßregeln der jüngeren Geschlechtsgenossen für unnötige Energieverschwendung. Daher werden die „Grünschnäbel" meist übersehen oder als folgsame kleine Schatten geduldet. Wenn sie denn nicht allzu sehr nerven.

Dieses Verhalten hat, wie ich meine, große Ähnlichkeit mit dem des Rotwildes während der Brunft. Bei dieser Wildart nimmt der Platzhirsch die jüngeren Spießer ebenfalls als Zuschauer und Randfiguren des Brunftgeschehens hin und beachtet sie nicht weiter. Sie stellen für ihn keine ernst zu nehmende Konkurrenz dar.

Trudi und Ellie waren ebenfalls keineswegs eingeschüchtert und verhielten sich dem Keiler gegenüber sehr selbstbewusst. Ich war erstaunt zu sehen, dass sie sogar versuchten, ihn vom Futter zu vertreiben. Dafür näherten sie sich ihm seitlich und gaben hohe, schrille Quiektöne als Abwehrlaute von sich. Es sah allerdings nicht besonders beeindruckend aus (zumal sie ihm gerade bis zum Bauch gingen). Der hässliche Otto ließ sich davon natürlich nicht wesentlich aus der Ruhe bringen, fraß einfach friedlich weiter und zeigte keinerlei aggressive Gegenwehr. Vor allem Trudi nutzte jede Möglichkeit, ihn lauthals anzuquieken und verärgert „anzutippeln". Sie schien ihn absolut nicht zu mögen. Ich hatte vollstes mütterliches Verständnis dafür.

## MEIN LEBEN MIT OTTO

Weil ich den direkten Kontakt zu meinen Schweinen beibehalten wollte, betrat ich bereits einige Tage nach Ottos Ankunft wieder das Gatter. Der Fränkische Otto hatte argen Nachholbedarf, was das Futter betraf. Eiweißhaltige Nahrung wie Tauben wurden im Eiltempo gefressen und auch die Maisportionen musste ich drastisch erhöhen. Ich fütterte Äpfel und reichlich gemähtes Gras. Glücklicherweise ergänzten eine reiche Baummast mit Eicheln und Bucheckern den Speiseplan. Scheinbar hatte man ihn in Franken „auf Schmalhans" gesetzt, doch so nach und nach erholte er sich und legte an Gewicht zu. Eine beeindruckende Schönheit wurde er dadurch aber trotzdem nicht.

Otto mochte mich nicht. So viel war klar. Doch auch ich hatte ihn nicht unbedingt zu meinem Lieblingsschwein erkoren. Er behielt mich stets im Auge, kaute, speichelte und scharrte mit den Vorderläufen wie ein aufgebrachter Stier vor dem roten Tuch. Aber glücklicherweise war er händelbar und sein Verhalten gut vorherzusehen. Wenn ich mit meiner Schaufel, hoch erhobenen Armen und lauter Stimme auf ihn zuging, wich er zurück. Doch die Zeiten des entspannten Sitzens und Vor-sich-hin-Träumens waren mit dem Einzug von Frankenotto vorbei. Ich achtete stets darauf, dass ich den Zaun in Reichweite und im Rücken hatte. Er war mein Fluchtweg für Notfälle. Bei einem plötzlichen Angriff würde mich der beherzte Satz auf das Zaungeflecht hoffentlich retten. Wer wusste schon, wie lange ich Otto mit meiner schicken roten Schaufel noch beeindrucken konnte?

Wildschweinkeiler sind wirklich imposante Tiere. All die Jahre hatte ich viel und gesunden Respekt vor ihnen, aber gleichzeitig große Freude daran, sie aus nächster Nähe zu beobachten. Das Verhalten, das Otto mir gegenüber von Anfang an zeigte, Drohverhalten und ein deutliches Imponiergehabe, machten jedoch mehr als deutlich, dass er mich als Rivalen sah. Ich war in seinem Revier, ich näherte mich seiner Rotte – und mir folgten die beiden Bachen.

Bei jeder unserer Begegnungen zeigte er Verhaltensweisen, die man eigentlich bei Keilern während der Rauschzeit (Paarungszeit) erwartet. So zum Beispiel das typische Stemmscharren mit beiden Vorderläufen und das dabei tief gesenkte Haupt, kauende Kieferbewegungen, bei denen er reichlich weißen Speichel produzierte und diesen an Bäume rieb. Er gähnte mit schief gelegtem, hoch erhobenem Kopf, harnte in gescharrte Mulden und duftete dementsprechend. Der markante Geruch half mir allerdings wunderbar dabei, ihn zu orten.

## DER ERSTE WINTER

Der Winter kam und verlief ohne Probleme. Ich war täglich am Gatter und mein Auto wurde zum Futtertransporter. Speisefässer voller Mais, Runkeln und säckeweise Heu wurden nach Hause gekarrt, in die Schubkarre umsortiert, im Stall deponiert und zu meinen Wildschweinen gebracht. Mein Auto bekam Ähnlichkeit mit einer fahrbaren Popcornmaschine. Überall, im Kofferraum, unter und auf den Sitzen, konnte man dem gelben Getreide begegnen. Die

Tage wurden kurz und ich musste mich nach der Arbeit beeilen, um im Hellen in das Gatter zu kommen. Oftmals musste ich zur Fütterung mit der Stirnlampe losziehen, was die Wildschweine allerdings überhaupt nicht beunruhigte oder störte. Sie brachten das Licht mit mir in Verbindung und damit war alles gut.

Meine drei Wildschweine sahen wunderbar aus. In ihrer dichten Winterschwarte waren sie dunkel geworden und hatten lange, feste Borsten bekommen. Sie waren nicht mehr niedlich, sondern erwachsen und beeindruckend. Im Dezember wurden sie ein Jahr alt. Als es in diesem Winter schneite, sahen sie mit gefrorenen Borsten und Schneeklumpen wie kleine Yetis aus dem Gebirge aus. Sie waren einfach nur toll.

Otto war nach wie vor nicht mein Freund. Im Gegenteil, er schien mit Beginn der „offiziellen" Rauschzeit – die bei Wildschweinen meist in die Wintermonate fällt – sogar noch ein wenig aggressiver zu werden. Der Keiler hatte mich nach wie vor in Dauerbeobachtung. Wenn Ellie und Trudi zu mir liefen, mich begrüßten und sich bei mir hinlegten, ließ er mich nicht aus den Augen. Er fraß deutlich weniger, wurde unruhiger und meldete Besitzansprüche an. Den weißen, schaumigen Speichel setzte er demonstrativ an Bäume ab, möglichst weit oben an junge Buchen und Fichten. Er musste mich nur sehen, schon nahm er eine drohende Haltung ein. Tagtäglich versuchte er mich einzuschüchtern. Trotz seines gesteigert aggressiven und angriffslustigen Verhaltens mir gegenüber war er mit dem Trio weiterhin sehr duldsam.

## GROSSE KEILER UND KLEINE FRISCHLINGE

Im Laufe der folgenden Jahre sollte ich noch unzählige Keiler jeglichen Alters zu sehen bekommen. Wie bereits erwähnt waren sie für mich beeindruckende Tiere, die ich niemals in ihrer Kraft, Schnelligkeit und Intelligenz unterschätzte. Stets habe ich darüber gestaunt, wie ihre bloße Anwesenheit an einer Futterstelle alle anderen Rottenmitglieder zum Ausweichen bewegte. Ein älterer Keiler musste sich nur ganz gemächlich und ohne sichtbare Aggressivität nähern. Dies allein reichte meist aus, um die anderen Tiere aufmerksam aufschauen zu lassen. Automatisch wurde ihm Platz gemacht, seine ranghohe Stellung war jedem sofort klar.

Nur eine einzige Altersklasse hielt sich nicht an dieses ehrfurchtsvolle Zurückweichen: kleine, wenige Tage alte Frischlinge. Bei den ersten derartigen Begegnungen hatte ich immer die Luft angehalten – bis ich verstand, dass diese winzigen Gestreiften auch bei den stärksten und mächtigsten Keilern keinerlei Gefahr ausgesetzt waren. Natürlich kann es passieren, gerade zur Rauschzeit oder an einer begehrten Nahrungsquelle, dass ein Frischling im Gedränge

*Klein-David trifft auf den großen Goliath – und nichts passiert!*

überrannt und dabei verletzt oder sogar getötet wird. Dass ein Keiler bewusst Frischlinge angriff, konnte ich nie beobachten und ich halte ein derartiges Verhalten auch für sehr unwahrscheinlich.

Vielmehr habe ich hautnah miterleben können, wie kleine Frischlinge ihrer Mutter abhandenkamen (oder war es umgekehrt?) und bei der Suche nach ihr auf einen starken Keiler stießen. Bald hatte er sieben quirlige Quälgeister um sich versammelt, die ihn an der Nase abtasteten und sogar an seinem Bauch nach dem Gesäuge suchten. Er zeigte keinerlei Unmut oder aggressives Abwehrverhalten. Derartige Beobachtungen waren keine Seltenheit. Bei jungen Keilern dagegen, vor allem bei Überläuferkeilern, konnte ich recht häufig aggressive Verhaltensweisen Frischlingen gegenüber registrieren. Oftmals, wie es mir schien, als eine Art von Folge und Gegenreaktion auf eigene Rangordnungsstreitereien. Sie wollten ihren Frust einfach weitergeben und da kamen ihnen die Allerkleinsten sehr gelegen.

Jetzt durfte ich mir also ausrechnen, dass wenn alles ordnungsgemäß klappte, die ersten Frischlinge, meine Enkelschweine, im März oder April zur Welt kommen mussten.

Auch wenn sich die Paarungszeit von Wildschweinen eigentlich auf die Wintermonate konzentriert – oder konzentrieren sollte – können sich Wildschweine das ganze Jahr über vermehren. Hervorragende Nahrungsbedingungen sorgen für frühreife Frischlingsbachen und außerdem für eine mehrmalige Paarungsbereitschaft der weiblichen Tiere. Die Rauschzeit wird dadurch sehr stark gedehnt und kann nicht mehr guten Gewissens auf die kurze Zeitspanne von November bis Januar festgemacht werden.

Demnach konnte ich im Laufe der folgenden Jahre erkennen, dass es also nicht nur eine Zeit für das Frischen gibt, sondern eigentlich eher drei Schwerpunkttermine: März/April, August sowie Dezember/Januar. Mit all den damit verbundenen Vor- und Nachteilen. Doch dazu an anderer Stelle mehr.

**GESCHLECHTSREIFE UND TRAGZEIT**

Junge Wildschweine sind früh geschlechtsreif. In alter Fachliteratur wird von einem Einsetzen der Geschlechtsreife im Alter von 18 Monaten gesprochen. Dies entspricht aber absolut nicht der Realität und nicht dem, was ich in den letzten Jahren feststellen konnte. Tatsächlich ist es so, dass die meisten jungen Bachen in ihrem ersten Lebensjahr geschlechtsreif werden, also bereits mit sieben oder acht Monaten.

Wildschweine tragen 114 bis 118 Tage. Diese Zeit ist eindeutig abhängig von der Fötenzahl. Der Jungjäger lernt, sich die Tragzeit beim Schwarzwild mit der Faustzahl „drei-drei-drei" zu merken: drei Monate, drei Wochen und drei Tage.

# DIE ERSTEN ENKELSCHWEINE

Und so wurde es Frühjahr. Ihren ersten Winter hatten meine Wildschweine wunderbar überstanden. Sie waren gesund, munter und entwickelten sich prächtig. Der hässliche Fränkische Otto hatte sich ebenfalls gut eingelebt und fühlte sich sichtlich wohl.

## UNGEDULDIGES WARTEN AUF DEN ERSTEN NACHWUCHS

Ich beäugte meine kleinen Bachen tagtäglich: Waren sie fülliger geworden? Na ja, füllig waren sie sowieso. Hatten sie Gesäuge? Waren sie unruhiger als sonst?

Der März kam und ging und es wurde April. Im letzten Jahr waren noch zusätzlich zwei kleine, flache Holzhütten mit Wellblechdächern im Gatter gebaut worden. Ich hatte sie bereits im März mit reichlich Stroh und Heu eingestreut. Sie sollten als Unterschlupf und vor allem als mögliche warme und trockene Wurfkessel zur Verfügung stehen. Meine Schweine waren mit diesen neuen Schlafplätzen vollkommen einverstanden und nutzten sie ausgiebig. Sogar Otto zog sich bei lang andauerndem Regen dorthin zurück und kam dann verschlafen, mit Stroh auf dem Kopf und Heu zwischen den Ohren, daraus hervor.

An einem Tag Ende April war es endlich so weit: Ich kam zur gewohnten Zeit an das Gatter und Ellie war nicht da. Ich fütterte meine restliche Schweinebande und verzichtete darauf, lauthals nach der Bache zu rufen. Obwohl es mir zugegebenermaßen sehr schwer fiel, machte ich mich nicht auf die Suche nach ihr. Sie und ihr Nachwuchs hatten Ruhe nötig.

Auch am folgenden Tag war von meinem Schweinemädchen nichts zu sehen. Keine Ellie und keine Frischlinge. Ich bummelte noch ein wenig herum, spähte nach links und rechts, füllte die Wassertröge, verteilte Mais und die letzten Runkeln und kümmerte mich ausgiebig um Fräulein Trudi, die sich mir zur Ganzkörpermassage zu Füßen legte. Als nächstes stand Knatterton in der Warteschlange zur Körperpflege. Trotz seiner beginnenden Keilerallüren hatte er mich nämlich nach wie vor äußerst lieb und auch ihm war es wichtig, gründlich abgesucht zu werden.

**IM WURFKESSEL**

In den ersten beiden Lebenstagen der Frischlinge bleibt so manche Bache fest in ihrem Wurfkessel liegen. Auch in den folgenden Tagen wird die Fürsorge um den Nachwuchs größer sein als der Hunger. Viele Bachen verlassen das Nest während dieser Zeit nur ganz kurz, um Harn abzusetzen, und kehren dann sofort zu den Frischlingen zurück. Natürlich ist dieses Verhalten vom Wetter abhängig: Ist das Wetter trocken und sonnig, wird die Bache oftmals bereits nach vier oder fünf Tagen zu kurzen Ausflügen mit ihren Jungen aufbrechen. Regen und Wind wird eine erfahrene, umsichtige Bache länger in ihrem geschützten Wurfkessel festhalten. Nach einer gewissen Zeit wird sie mit ihren Frischlingen wieder den Kontakt zu ihrer Rotte suchen und dorthin zurückkehren. Hier in der wehrhaften Gemeinschaft ist sie sicher.

*Die Natur weiß, wie es geht: Ellie, die handaufgezogene Bache, macht alles richtig.*

## EINE PERFEKTE MUTTERBACHE …

Endlich! Am dritten Tag, einem herrlich sonnigen Frühlingstag im April, bekam ich meine Enkelschweine zu Gesicht. Als ich mit meiner Schubkarre an das Gatter fuhr und damit begann, Futter zu verteilen, kam Ellie plötzlich durch die hellgrün belaubte Buchendickung auf mich zu. Ihren Nachwuchs im Schlepptau! Jemand der noch nie ein Wildtier großgezogen oder überhaupt wenig mit Tieren zu tun hat, kann vermutlich kaum nachvollziehen, was für rührselige Gedanken und Gefühle einem in einem solchen Moment durch den Kopf und „quer durchs Herz" gehen.

Ich stand am Zaun und konnte mich einfach nicht sattsehen: an den kleinen perfekten Miniwildschweinen und an der perfekten Mutterbache, die rein aus Instinkt alles richtig machte – trotz Flaschenkind und zweibeiniger Leitbache. Fürsorglich, souverän und selbstbewusst führte sie ihren Nachwuchs. Was war ich stolz! Wir waren beide stolz.

Als ich über den Zaun kletterte, näherte ich mich ihr jedoch vorsichtig und bedächtig. Leise plauderte ich vor mich hin, ging in die Hocke und blieb zunächst auf Distanz. Frischlinge führende Bachen halten sich an keine Rangordnung. Am Wurfkessel mit frisch geborenem Nachwuchs wird auch die rangniedrigste Bache plötzlich selbstbewusst und angriffslustig, denn nun stehen der Mutterinstinkt und damit das Beschützen des Nachwuchses an erster Stelle.

Doch ich wurde von meinem Schweinemädchen begeistert begrüßt. Dafür verließ sie sogar ihre kleinen Frischlinge, die sich im Schutz einer Buche wärmend aneinanderdrückten. Mit Dumbo-Ohren und hochgestelltem Pürzel lief sie grunzend auf mich zu, ließ sich kurz streicheln, um dann gleich wieder ganz geschäftig zu ihrem Nachwuchs zurückzukehren. Ein kurzer, tiefer Kontaktlaut, ein sanfter Stups mit der Nase zur Geruchskontrolle – und sie lief zum verteilten Mais zurück, um zu fressen. Ich setzte mich auf einen Stubben. Um zuzusehen und um einfach zu genießen. Und um Otto im Auge zu behalten, der die junge Mutter belagerte, aber sehr angriffslustig zurückgewiesen wurde. Braves Mädchen.

Fräulein Trudi, als frischgebackene Tante, hielt sich zurück und machte beim Fressen sogar von selbst einen Bogen um die Frischlinge. Als sie dennoch aus Versehen nahe an das gestreifte Knäuel geriet, wurde sie von ihrer Schwester völlig unbehelligt gelassen und in keiner Weise vertrieben. Im Gegensatz zu den beiden Keilern, denen die Mutterbache vehement hinterhersetzte.

## ... UND EINE PERFEKTE „OMA“

Etwa zehn Minuten hatte ich auf meinem Platz gesessen, als Ellie mit tiefen Lauten lockte, die Frischlinge zum Aufstehen animierte und in meine Nähe lotste. Ich traute meinen Augen nicht und wagte es nicht, mich zu bewegen. Was hatte sie vor? Ellie „deponierte“ ihren Nachwuchs bei mir! Es war kaum zu glauben. Etwa einen halben Meter von dem Stubben entfernt, auf dem ich saß, wühlte sich das Schweinchenknäuel zusammen und schlief ein. So konnte Ellie ungehindert und in Ruhe fressen, ohne ständig den Nachwuchs kontrollieren zu müssen. Bei mir war er ja in Sicherheit. Dafür sind Omas schließlich da.

*Meine ersten Enkelschweine im gestreiften Knäuel direkt neben mir.*

*Mutterinstinkte haben nun Vorrang: Otto und Knatterton werden energisch abgewehrt.*

*Keiner geht verloren! Ellie bei der regelmäßigen Geruchskontrolle ihres Nachwuchses.*

## EINEN WURFKESSEL BAUEN

Wildschweinbachen bleiben, wie im Vorfeld bereits berichtet, in den ersten Lebenstagen mit ihren Frischlingen im geschützten und fürsorglich gebauten Wurfkessel.

In den Jahren meiner Wildschweinbeobachtungen (mit zahlreichen Frischlingen) stellte ich fest, dass eine Bache nicht mit großem Vorlauf den Bau ihres Wurfkessels beginnt. Oftmals trug sie erst zwei, höchstens drei Tage vor der Geburt das gröbere Material herbei. Das feine und weiche Gras und Schilf wurde noch später eingearbeitet. Was für eine Leistung! Hochtragend und sicherlich bereits in den ersten Wehen. Vielleicht möchte sie damit verhindern, dass potenzielle Feinde und Räuber zu früh auf dieses Versteck aufmerksam werden? Irgendeinen derartigen Hintergrund wird es haben. Es sind ja schließlich Schweine, die es planen!

Bei Ellie und Trudi, die sich später, als das Gatter schon geöffnet war, jeweils einen der künstlichen Unterstände zum Frischen aussuchten, konnte ich den Wurfkesselbau sehr gut beobachten und vergleichen. Das Wellblech beispielsweise, obwohl dick mit Stroh bestückt, wurde zusätzlich mit fein zerkleinerten Ästen und Zweigen ausgepolstert. Außen wurden grobe Äste direkt auf das Dach und an eine der Seiten gelegt. Ob sie damit Zugluft vermeiden wollten oder ob es zur Tarnung diente? Wer weiß. Auffällig war, dass sich dies an den folgenden Tagen wiederholte. Auch das Stroh wurde je nach Wetterlage weggeschoben oder in den Unterstand gedrückt.

Der Wurfkessel einer erfahrenen, emsigen Bache kann ein richtiges, kompliziertes Bauwerk sein. Es ist unglaublich, mit welcher Eleganz und Wendigkeit sich eine große, schwere Bache dort hineinzudrücken vermag und dann im Liegen die Äste noch über sich zuschiebt.

### ENTSCHEIDENDE PRÄGEPHASE

Die Zeit im Wurfkessel, welche die Bache eng mit ihren Frischlingen und abseits der Rotte verbringt, dient der Prägung. Es ist anzunehmen, dass hier – durch den engen Körperkontakt – eine Prägung der Frischlinge auf den Körpergeruch der Bache erfolgt. Auch eine akustische Bindung zwischen Bache und Frischlingen findet während der Zeit im sicheren Wurfkessel statt. Bereits ein bis zwei Stunden nach der Geburt haben entsprechende Kontaktlaute dafür gesorgt.

# ENKELSCHWEINE UNTER BEOBACHTUNG

In den folgenden Tagen und Wochen hatte ich das Glück, hautnah die Entwicklung und das Verhalten meiner jungen „Enkelfrischlinge" verfolgen zu können. Dabei war es mir wichtig, Vergleiche zu meinem handaufgezogenen Trio vor fast einem Jahr zu ziehen.

Ich war neugierig darauf zu erfahren, ob meine handaufgezogenen Schweine ganz normale, wildschweintypische Verhaltensweisen gezeigt hatten oder ob ihre Entwicklung doch durch den Menschen beeinflusst, beeinträchtigt oder sogar eingedämmt worden war. Schon bei meiner Schweinebande war mir der enorme Spieltrieb aufgefallen. Auch bei meinen Enkelschweinchen konnte ich dies täglich beobachten: Im Alter von nur wenigen Tagen starteten die kleinen Gestreiften wilde Verfolgungsjagden und kämpften spielerisch miteinander. Jetzt hatte ich jedoch zusätzlich die Gelegenheit, das Verhalten und die Reaktionen der Rotte darauf zu sehen, und habe sehr schnell bemerkt, wie gelassen und großzügig sie alle auf dieses Hin- und Hergerenne reagierten. Soweit ich mich zurückerinnerte, war ich damals ähnlich tolerant mit den unzähligen groben Stubsern meines Nachwuchses umgegangen.

Schön war es mitzuerleben, wie früh sich meine Enkelschweine die Verhaltensweisen ausgewachsener Tiere aneigneten und diese übernahmen. Früher noch

*Nur wenige Tage alt und schon wird gerangelt und gespielt …*

**NARRENFREIHEIT BEI FRISCHLINGEN**

Es ist tatsächlich so, dass Frischlinge bis zu einem Alter von etwa drei bis vier Monaten absolute Narrenfreiheit in ihrem Familienverband genießen. Sie haben eine Art Sonderstellung, die es ihnen erlaubt, sich in der Rotte zu bewegen, ohne eine Rangordnung beachten zu müssen. Dazu gehört es, dass sie, ohne Futterneid zu erwecken, dicht bei den anderen Rottenmitgliedern fressen dürfen. Und dazu gehört es ebenfalls, zwischen den Beinen der anderen herumzutoben. Wie bereits beschrieben halten sich sogar starke Keiler an diese Regelung.

als bei meinen handaufgezogenen Schweinen fingen sie mit dem Wühlen an und bereits nach wenigen Tagen machten sie erste Versuche, sich an Ästen oder Stubben zu scheuern. Sehr interessant war es für mich zu sehen, dass der erste Anreiz für viele dieser Handlungen von einem anderen, meist erwachsenen Tier ausging. Scheuerte sich Ellie an einem Eichenstamm, versuchte es bald einer ihrer Frischlinge. Anfangs konnten sie dabei kaum das Gleichgewicht halten, schwankten und landeten auf dem Hintern. Und dann war es irgendwann eine Frage der Übung. Nach diesen Beobachtungen und dem direkten Vergleich zwischen handaufgezogenen und „wilden" Frischlingen steht für mich fest, dass bestimmte wildschweintypische Verhaltensweisen wie das Malen, Wühlen (Brechen), die Futteraufnahme etc. angeboren sind. Dennoch habe ich registriert, dass Frischlinge in freier Wildbahn weitaus früher mit diesen Handlungen beginnen und sie – vermutlich durch Nachahmung eines adulten Artgenossen – auch schneller festigen und beherrschen.

*.. und anschließend viel geschlafen.*

*Übung macht den Meister: erste Versuche, im Boden zu wühlen.*

Ich fand es außerdem sehr spannend, wie die kleine Familie den stimmlichen Kontakt zueinander hielt und sich verständigte. Mit kurzen, dunklen und wohltönenden Rufen lockte Ellie ihre Frischlinge zu sich, damit sie ihr folgten. Die hungrigen Frischlinge dagegen machten mit ziemlich lauten und schrillen Quieklauten auf ihren Hunger aufmerksam. Aber das hatte ich auch noch in guter Erinnerung! Zueinander hielten die kleinen Frischlinge ebenfalls immer wieder mit hohen Lauten Kontakt.

Vor allem in den ersten zwei Wochen war es auffällig, dass immer wieder einzelne Frischlinge zu Ellie hinliefen, um die Schnauze bzw. Nase ihrer Mutter zu beschnüffeln. Umgekehrt kehrte – gerade in den ersten Tagen – auch die junge Bache regelmäßig in kurzen Abständen zu den schlafenden Frischlingen zurück, um sie zu beriechen. Heinz Meynhardt hat weiterhin festgestellt, dass die Frischlinge später vor allem die Karpaldrüsen an den Läufen zur geruchlichen Kontaktaufnahme nutzen und anhand dieses Dufts ihre Mutter erkennen.

**ERZIEHUNG VON FRISCHLINGEN INNERHALB DER ROTTE**

Innerhalb einer Rotte dürfen alle Bachen die Frischlinge „erziehen". Auch wenn es nicht die eigenen sind. Gerade an Futterplätzen erfolgen Zurechtweisungen des älteren Nachwuchses bisweilen recht deutlich. Das oftmals laute Gequieke der Frischlinge als Antwort auf ein Wegschubsen löst in der Regel keinerlei Reaktion bei der Mutterbache aus.

*Nase an Nase: Ellie und ihr Frischling erkennen sich und nehmen Kontakt auf.*

## „FRISCHLINGSBETREUUNG" INNERHALB DER ROTTE

Mit großem Erstaunen beobachtete ich in jenem Frühjahr und Sommer das Verhalten meines polterigen Fräulein Trudi. Sie war ihrer ablehnenden Haltung Otto gegenüber treu geblieben und gar nicht erst rauschig (paarungsbereit) geworden. Nachdem ihre Schwester mit dem Nachwuchs zu der kleinen Rotte zurückgekehrt war, hatte sie sich in den ersten Tagen dezent zurückgehalten. Allmählich wurde sie jedoch mutiger und aktiver, näherte sich den Frischlingen und wurde von Ellie in deren unmittelbarer Nähe geduldet. Von da an fühlte sich Trudi für den Nachwuchs mitverantwortlich und die Frischlinge hatten eher zwei als eine Mutter.

Trudi wurde also Tante mit Leib und Seele, mit all den dazugehörenden Rechten und Pflichten. Irgendwann war sie für mich nicht mehr Trudi sondern Tanti und es dauerte nicht lange, bis sie auf ihren neuen Namen hörte. Bis auf das Säugen übernahm sie sämtliche Mutterpflichten: Tanti hielt den Nachwuchs zusammen, eilte auf ein ängstliches Quieken eines Frischlings sofort herbei, lockte die Jungtiere zurück, wenn sie sich zu weit entfernten, und zog mit der ganzen Bande in die sichere Dickung, sobald vermeintliche Gefahr drohte.

*Sicher und geschützt im Familienverband.*

Ich war verblüfft zu sehen, mit welcher Selbstverständlichkeit die Frischlinge mit ihr zogen, ihr folgten und sich um sie scharten. Verschwand sie mit ihnen, blieb Ellie ohne Einzugreifen und ohne dem Pulk hinterherzueifern, in aller Ruhe bei mir, um zu fressen.

Niemals hätte ich es für möglich gehalten, dass eine nicht führende Bache derart bei der Aufzucht der rotteneigenen Frischlinge mithilft und sich in dieser Art und Weise einbringt. Das großzügige, duldsame und fürsorgliche Verhalten von Tanti sollte übrigens so bleiben. Genau diese Charaktereigenschaften sollten sie später als Leitbache ausmachen.

Sie war eine der wenigen Bachen, die sich dem Nachwuchs gegenüber auch zu der Zeit recht tolerant zeigte, zu der er sich eigentlich in die Rangordnung einfügen musste (und dies wird bei Wildschweinen wirklich nicht nach Waldorfmethode durchgezogen).

# ZIMMERSERVICE FÜR WILDSCHWEINE

Das Auswilderungsgatter für meine kleine, aber wachsende Wildschweinrotte war zwar ziemlich groß, konnte den Tieren jedoch keinen so vielseitigen und ausgewogenen Speiseplan wie in freier Wildbahn bieten. Vor allem nun mit säugender Bache und mit jungen Frischlingen musste gewährleistet sein, dass sie alles hatten, was sie benötigten. Für ihr rasches Wachstum und für die Milchproduktion. Es musste also ein wenig nachgeholfen werden. Ich half nach.

## VEGETARISCHE KOST FÜR WILDSCHWEINE

Während der folgenden Wildschweinjahre fuhr ich im Frühjahr und in den Sommermonaten regelmäßig mit der Schubkarre an den angrenzenden Waldrand und mähte mit der Sichel Gras. Wie der Alm-Öhi persönlich! Im Stillen war ich meinem Opa dankbar dafür, dass er mir wenigstens die Grundzüge des Sensens und des Wetzens beigebracht hatte. Ich schnitt zunächst ein buntes Sammelsurium und verteilte das frische Grün auf kleinen Haufen im Gatter. So konnte ich gut beobachten, welche Kräuter und Gräser meine Schweine bevorzugten. Wie kleine Schafe gingen sie an die Grashaufen und suchten mit den Nasen wühlend und schnaubend darin herum. Letztendlich blieb kein Halm übrig. Vor allem im Frühjahr fraßen die Wildschweine jungen Löwenzahn, aber auch Rot- und Weißklee, Spitzwegerich, Wiesenbärenklau und natürlich Süßgräser der verschiedensten Art.

In zahlreichen Untersuchungen hat man sich Gedanken zur Nahrungsamplitude von Wildschweinen gemacht. Es ist ein umfassendes und spannendes Thema. In einigen dieser Arbeiten wurde festgestellt, dass Wildschweine von zahlreichen Pflanzen sehr gerne die unterirdischen Teile fressen.

### DAS UNKOMPLIZIERTE VERDAUUNGSSYSTEM EINES ALLESFRESSERS

Anders als Rot- oder Rehwild sind Wildschweine mit einem einfachen und unkomplizierten Verdauungssystem ausgestattet, welches es ihnen ermöglicht, recht grob zerkaute Nahrung gut zu verwerten. Schweine sind Allesfresser, sogenannte Omnivoren, und dieser Umstand macht ihnen eine flexible Anpassung an verschiedene Lebensräume möglich. Gefressen wird nämlich das, was einem Wildschwein „vor die Nase“ kommt: Sie sind keine Jäger, sondern eher anpassungsfähige Sammler.

So werden beispielsweise vom Löwenzahn oder der Wilden Möhre und sogar von Wilden Krokussen die Wurzeln bzw. die Zwiebeln ausgegraben und verzehrt. Je nach Jahreszeit haben Wildschweine bei der pflanzlichen Nahrung die einen oder anderen Favoriten. Im zeitigen Frühjahr fressen Rotten, deren Revier nicht direkt an Wiesen und Weideland angrenzt, eben Waldpflanzen wie Buschwindröschen, Nelkenwurz, Reitgras oder Brustwurz.

Manche ober- oder unterirdische Teile von einigen Pflanzenarten werden nur in einem bestimmten kurzen Zeitraum gefressen. Ich vermute, dass zu anderen Zeitpunkten die eingelagerten Bitter- oder Gerbstoffe sie für die Tiere unattraktiv machen. Meine Schweine waren von dem ersten, sehr eiweißhaltigen, vitaminreichen und vermutlich verlockend süßen Zusatzfutter aus Gräsern und Kräutern äußerst angetan und ließen dafür gerne den Mais liegen.

In späteren Jahren entdeckte ich meine Rotte vor allem im Frühjahr häufig auf den im Revier verteilten Grünflächen und Wildäckern. Dort weideten sie, schön gleichmäßig verteilt, die Dicken und die (ein bisschen) Dünneren, ähnlich einer kleinen Rinder- oder Schafherde. Tanti, an ihren silberfarbenen Borsten gut zu erkennen, meist mittig – als ruhender Pol zwischen irgendwelchen Halbwüchsigen.

**DER STELLENWERT VON PFLANZLICHEM FUTTER**

Die Wissenschaft geht davon aus, dass der Tagesbedarf an pflanzlichem Futter bei einem einjährigen Wildschwein bei 2,1 kg und bei einem etwa vierjährigen Tier bei ungefähr 3,6 kg liegt. Im Frühsommer und Sommer sowie in einem Herbst mit zahlreichen Eicheln und Bucheckern können diese Mengen weitaus höher angesetzt werden. Ebenso können – zum Beispiel in Jahren ohne Waldfrüchte – die oben genannten Mengen in den Herbst- und Wintermonaten deutlich unterschritten werden. Im Laufe des Jahres steigt zudem der Rohfasergehalt des beliebten Grünfutters. Die zunehmende Verholzung sorgt dafür, dass das Gras nicht mehr so gut verdaulich ist. Und damit rutscht es in der Beliebtheitsskala der Wildschweine rapide nach unten. Und wird daher zum Spätsommer und Herbst hin nur noch als Notnahrung angesehen.

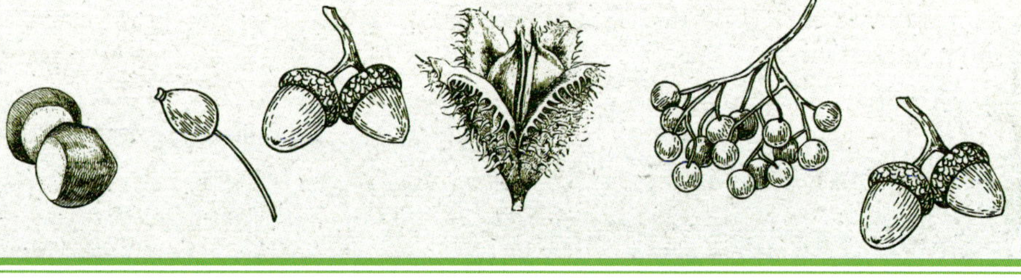

*Süßgräser, Löwenzahn und Klee sind auch bei den jüngsten Rottenmitgliedern beliebt.*

## BLATT FÜR BLATT

Im Frühjahr waren die ersten frischen Blätter vor allem der Rotbuche, aber auch der Hainbuche sehr beliebt. Im meinem zweiten Schweinejahr konnte ich Ellie fast täglich dabei beobachten, wie sie systematisch von Bäumchen zu Bäumchen wanderte und sich die zarten, fein behaarten Blätter richtiggehend abzupfte. Ganz vorsichtig, Blatt für Blatt, ohne die Äste zu knicken oder zu brechen. Ich habe keine Ahnung, wie sie das mit ihrer riesigen Nase so hinbekam! Vermutlich nahm sie dafür die Oberlippe und die Zunge zu Hilfe.

Leider konnte ich nicht feststellen, ob auch andere Laubbaumarten derart „beerntet" wurden und ob zum Beispiel die frischen Blätter der Sträucher, wie Hasel oder Himbeere, ebenfalls gefressen wurden. Die Vermutung liegt allerdings nahe.

## OBSTTAGE IM REVIER

Im Herbst sammelte ich eimerweise Äpfel, Pflaumen und Birnen und entdeckte, dass vor allem die matschigen, etwas vergorenen Exemplare als Allererstes gefressen wurden. Gegenüber vom Jagdhaus standen ein alter knorriger Apfelbaum sowie zwei urige Birnenbäume. In manchem reichen Obstjahr hatte ich meine Schubkarre innerhalb von zehn Minuten voll.

Die allgemeine Begeisterung für Obst war jedoch eher verhalten. Es wurde zwar gefressen und am Folgetag war alles verschwunden, aber man stürzte sich nicht mit Heißhunger darauf. Quitten, die uns von netten, wohlmeinenden Besuchern in den Wildwald gebracht wurden und die ich mit ins Gatter nahm, ignorierten sie völlig. Tanti, die alles Neue toll fand und in nahezu allen Bereichen als Forschungsbeauftragte galt, wurde zunächst durch den süßen Geruch dieser Früchte angelockt. Sie rückte begeistert an und war mehr als beleidigt, als sie herausfand, wie steinhart die behaarten Dinger tatsächlich waren.

Die Frischlinge konnten mit ganzen Äpfeln oder Birnen oftmals überhaupt nichts anfangen. Erst als ich das Obst mit der Schaufel mehrmals zerteilte, fraßen auch sie das eine oder andere Stück. Oftmals gingen sie an die kleinen Teilstücke, welche die großen Tiere übrig ließen – die waren dann wenigstens „frischlingsmundgerecht".

Der Einzige, der sich wirklich über die fruchtigen Beilagen, vor allem über die Birnen, freute, war der hässliche Otto: Sie verschwanden kiloweise mit lautem Schmatzen. Vermutlich hatte er ein Faible für den süßen Geschmack. Obst, das vor allem Kohlenhydrate enthält, spielt für Wildschweine in freier Wildbahn eher eine untergeordnete Rolle, sowohl von der Menge als auch vom Futterwert her.

## EICHELN FÜR WILDE SCHWEINE

Die am Boden liegenden zahlreichen Eicheln machten mir über die Herbstmonate hinweg die tägliche Fütterung ein wenig leichter. Glücklicherweise standen in dem Auswilderungsgatter etliche alte Eichen, die für ausreichend Früchte sorgten. Eicheln gelten als DIE Nahrung für Wildschweine schlechthin und sind tatsächlich ein hochverdauliches Kohlenhydratfuttermittel.

Während meiner Wildschweinjahre erlebte ich zwei Vollmastjahre – das bedeutet, der Waldboden in den Eichenbeständen war mit Eicheln übersät. Es knackte richtig unter den Schuhen! Zwei Jahre mit sogenannter Halbmast machten mir die Futterbeschaffung ebenfalls etwas leichter. Auch wenn nicht alle Bäume Früchte trugen, so hatten doch die größten und dicksten Eichen und die, die am Rand wuchsen und damit viel Sonne und Licht abbekamen, reichlich Eicheln zu bieten.

In dieser Zeit waren die Schweine bereits in dem großen Revier unterwegs und gelangten durch offene Tore und Klappen in das Gatter. Während der Vollmastjahre hatte ich allerdings oftmals den Eindruck, dass die Rotte allmählich der Eicheln überdrüssig wurde und nahezu übersättigt davon war. Begeistert fraßen sie daher mitgebrachten Mais und sortierten ihn sorgfältig aus den am Boden liegenden Eicheln heraus. Später zogen sie an den angrenzenden Wildacker, um im Erdreich zu wühlen.

Dieses Verhalten meiner Wildschweine war für mich ein deutlicher Hinweis darauf, dass in einem Jahr mit üppiger Baummast Eicheln sicherlich den Hauptteil der Nahrung ausmachen, der Organismus der Wildschweine jedoch auch anderes Futter benötigt. Instinktiv gleichen die Tiere das einseitige Futter mit anderen Nahrungsbestandteilen aus. So war es wohl der Bedarf an dem mineralhaltigen Vitamin B12, der meine Wildschweine trotz üppiger Eichelmast zusätzlich auf die Wiesen ziehen ließ, um im Boden nach tierischer Nahrung zu suchen.

Eicheln als Futter sind von der Wertigkeit her dem Getreide, wie zum Beispiel Mais, fast gleichzusetzen. Ihr Gehalt an Eiweiß ist zwar etwas geringer, er steigt jedoch mit Einsetzen des Keimprozesses stark an. Ähnliches gilt übrigens für Bucheckern, die als Nahrung für Wildschweine noch besser zu beurteilen und hinsichtlich Energie- und Eiweißlieferung unübertroffen sind. Da ich bei der Suche von Eicheln bei meinen Schweinen „in der ersten Reihe" saß, konnte ich genau erkennen, wie die Wildschweine mit diesen Früchten umgingen. Ich sah und hörte unterschiedliche Methoden, wie die Eicheln geknackt und gefressen wurden. Besonders kleine Frischlinge, die in den Herbstmonaten ihre erste Begegnung mit diesem Futter hatten, mussten das Öffnen der Früchte erst einmal üben.

An einem Tag konnte ich einen der jungen Keiler mit einem Alter von etwa fünf Monaten dabei beobachten, wie er neben Ellie herlief und durch die knackenden Laute und das anschließende Fressen wohl dazu animiert wurde, ebenfalls

*Die erste feste Nahrung – aber nicht alles schmeckt …*

eine Eichel zu probieren: Nachdem er gemerkt hatte, dass dieses Ding noch eine ziemlich harte Schale besitzt, zerbiss er sie mit so viel Schwung, dass er das ganze Maul voller harter, unappetitlicher Schalenreste hatte. Ein Kind, dem der fiese Spinat einfach in den Mund geschoben wird, zeigt einen ähnlich empörten und angeekelten Gesichtsausdruck wie dieses kleine Schwein!

Ellie dagegen hatte bereits im zweiten Herbst den Bogen raus. Ähnlich umsichtig wie bei den zarten Buchenblättern im Frühjahr, wurden die Schalen der Eicheln gekonnt angebissen, um an die eigentliche Frucht zu gelangen. Irgendwie schaffen es Wildschweine, vorsichtig mit den Zähnen die Schale zu öffnen, um diese anschließend mit der Zunge wieder hinauszubefördern.

Rosskastanien brachte ich meinen Wildschweinen ebenfalls mit – ich schleppte tatsächlich ein buntes Allerlei an Futter an. Vor allem weil es mich interessierte, ob der Allesfresser, der Omnivor, wirklich so omnivor war, wie man es ihm nachsagte. Die Rosskastanien in ihrer schönen, glänzenden Schale wurden von allen ignoriert. Sie wurden noch nicht einmal versuchsweise geknackt. Tanti war doch so höflich und gut erzogen, die mitgebrachten Früchte wenigstens kurz zu beschnüffeln, um sie dann als nicht genießbar einzustufen. Die anderen zeigten keinerlei Interesse. Bis auf einen Frischling, der es lustig fand, sie mit seiner Nase hin und her zu rollen. Sonderbar, wo Kastanien doch für andere Schalenwildarten, wie Dam- und Rotwild sowie Rehe, einen energiereichen und begehrten Leckerbissen darstellen und im Nährwert ganz gewiss den Eicheln gleichzusetzen sind. Man vermutet, dass das in den Kastanien enthaltene Saponin der Grund dafür ist, dass Wildschweine sie nicht mögen. Von wegen Allesfresser!

**VERÄNDERTE NAHRUNGSBEDINGUNGEN**

Wissenschaftler haben herausgefunden, dass bei Halb- bis Vollmast, die Ernährung von Wildschweinen vom Herbst bis in das Frühjahr hinein durch Baumfrüchte wie Eicheln und Bucheckern fast komplett abgesichert werden kann. Die Früchte werden zur Hauptnahrungskomponente.

In kargen Jahren ohne Mast verändern sich die Ernährungsbedingungen dagegen völlig. Gerade über die Wintermonate und im zeitigen Frühjahr müssen Wildschweine dann auf andere Nahrung ausweichen – die Suche danach und die Aufnahme ist meist um einiges mühsamer, komplizierter und zeitraubender als die bei den großflächig verstreuten, „nett servierten" Eicheln. In vielen Lebensräumen wechseln Wildschweine dann zu Gräsern und Wurzeln.

## TIERISCHE NAHRUNG – HEISS BEGEHRT UND LEBENSNOTWENDIG

Wie bereits beschrieben hatte ich schon früh damit begonnen, meinen Frischlingen tierische Nahrung anzubieten. Vor allem in bestimmten Lebensphasen der Schweine war es mir wichtig, dass es ihnen mit all seinen hochverdaulichen Eiweißen, Vitaminen und tierischen Fetten ausreichend zur Verfügung stand.

Die ersten kleinen Eintagsküken hatte ich den Frischlingen kurz nach ihrem Umzug in das Auswilderungsgatter angeboten. Ellie war die Erste, die reagierte. Sie zögerte nicht, sie stutzte nicht, sie ließ sich noch nicht einmal von den sonderbaren gelben Federn und dem neuen Geruch irritieren: Sie packte einfach zu und lief mit hoch erhobenem Pürzelchen und ebenso hoch erhobenem Haupt mit ihrer Beute davon. In sicherer Entfernung fraß sie das Küken in einem einzigen großen Happs auf. Sie machte keinerlei Anstalten, es zunächst einmal vorsichtig zu zerlegen oder ein kleines Stück davon zu probieren. Sie schien sehr davon überzeugt zu sein, dass das flauschige Etwas lecker sein musste. Das Verspeisen dauerte keine 20 Sekunden, dann tobte das Schweinekind mit freudig wedelndem Pürzel und aufgeklappten Ohren wieder zu mir zurück. „Mehr davon! Mehr! Unbedingt!“ Das sollte übrigens so bleiben. Ellie gab für die regelmäßigen Fleischeinlagen alles.

Die Eintagsküken waren für mich übrigens bestens dafür geeignet, den Schweinen ganz gezielt und überschaubar ihre Wurmkuren zu geben. In Absprache mit einer befreundeten Tierärztin wechselte ich in sinnvoller Regelmäßigkeit die Präparate und die Wirkstoffe. Die Mittel konnte ich in die vorher „geleerten“ Küken bedarfsgerecht reinfummeln. Die so präparierten „Medizinküken“ konnte ich dann jedem Schwein einzeln verabreichen. Für diese Aktion war es sehr von Vorteil, dass die Herrschaften die Küken derart gierig und im Ganzen runterschluckten.

Auch nach der Ankunft von Otto fütterte ich vermehrt tierische Nahrung, um ihn ein wenig zu päppeln. Vielleicht waren ihm ebenfalls schon Fleischabfälle oder Ähnliches gefüttert worden, denn er zögerte ebenfalls keine Sekunde und verschlang alles, was ich ihm hinwarf.

In schöner Regelmäßigkeit bekam ich Anrufe oder Nachrichten von den Jagdhelfern und Jägern des Forstbetriebs, die Aufbruch – so nennt man die Innereien – und Reste von geschossenen Rehen, Sikawild oder Damwild fein säuberlich für meine Wildschweine sammelten und an „geheimer Stelle“ für mich zur Abholung deponierten. Es war sehr nett mitzuerleben, wie sie für meine Schweine sorgten und für mich mitdachten.

Immer wieder konnte ich meinen Schweinen auch Hühner oder Tauben anbieten. Letztere stammten von Taubenzüchtern, die ab und an ihre Bestände verkleinerten und die toten Vögel dann in den Wildwald brachten. Wir konnten sie gut für die Greifvögel oder als Futter für die Waschbären und Marderhunde nutzen. Wenn die Kühltruhen voll waren oder zwei Säcke mit Tauben am Empfang standen, verschwand einer davon im Kofferraum für meine Schweinekinder. Bei der allerersten Taubenfütterung hatte ich mir noch die Mühe gemacht, die Vögel ein wenig abzuziehen, ihnen die Federn grob zu entfernen, damit die Wildschweine riechen konnten, dass unter den ganzen Federn das leckere Fleisch steckte. Diese Arbeit hätte ich mir allerdings sparen können!

## DIE TECHNIK DES ZERLEGENS

Genauso abgeklärt und genauso souverän wie bei den Küken, gingen sie bei den Tauben ans Werk. Allerdings mit verschiedenen Techniken. Ausgefeilt war sie jedoch bei allen.

Tanti beispielsweise legte die Taube auf den Rücken und hielt sie mit dem Vorderlauf fest. Sie rupfte die Vögel aber nur, um an das Brustfleisch zu gelangen, welches sie anschließend ganz vorsichtig mit den Vorderzähnen vom Knochen abbiss. Den kläglichen Rest überließ sie dem Pöbel.

*Gewusst wie! Tanti beim Zerlegen einer Taube. Danach erinnert die ganze Szenerie ein wenig an Frau Holle …*

**ANTEIL AN TIERISCHER NAHRUNG**

Mageninhaltsuntersuchungen, die den Anteil und die genaue Zusammensetzung der tierischen Nahrung bei Wildschweinen feststellen sollen, sind nicht besonders aussagekräftig und daher nur sehr schwer zu deuten. Im Gegensatz zu pflanzlicher Nahrung, die sich recht leicht identifizieren lässt, wird tierische Nahrung durch die scharfen Magensäfte meist schnell zersetzt und zu einem undefinierbaren Brei aufgelöst. Dadurch lässt sich zum Beispiel kaum feststellen, ob ein Wildschwein den Fleischanteil, der da im Magen zu finden ist, aktiv erbeutet hat oder es sich um Aas handelt. Deshalb ist der animalische Anteil in der Nahrung des Wildschweins in einem rein quantitativen Prozentsatz nicht oder nur sehr schwer zu erfassen.
Fest steht, dass Wildschweine in freier Wildbahn ihren Bedarf an tierischem Eiweiß vor allem durch Mäuse, vielerlei Insekten und Regenwürmer decken.
Auch verschiedenste Tiere, die zum Beispiel infolge von Krankheit oder Altersschwäche sterben, werden von Wildschweinen gefunden und verzehrt. In diesem F all beugen Wildschweine der Entstehung von Wildkrankheiten vor bzw. hemmen deren Ausbreitung.

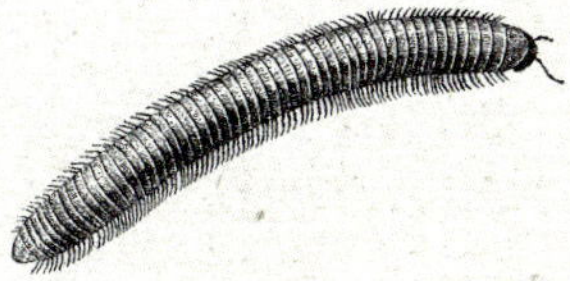

Vorher von mir zerkleinerte Tauben oder Reste von ihnen gab ich ebenfalls meinen fleischfressenden Wildtieren. Hier waren erstaunlicherweise – gerade bei den Frischlingen – die abgeschnittenen Taubenflügel heiß begehrt. Aber auch die älteren Tiere, sogar die Keiler, kauten manchmal minutenlang auf den Schwingen herum. Mir war es stets rätselhaft, was daran so lecker sein sollte. Ob es Knorpel oder Muskelstränge waren, die sie mochten?

Beim Zerlegen von einzelnen Rehen, die nach Wildunfällen im Straßenverkehr bei mir landeten und in das Auswilderungsgatter gekarrt wurden, wurden die begehrtesten Innereien und Teilstücke schwer umkämpft. Es ist mehr als beeindruckend, die Kraft eines Wildschweingebisses zu beobachten. Innerhalb kürzester Zeit hatte eine mittelgroße Rotte ein komplettes Reh zerlegt und gefressen. Am Folgetag war außer einzelnen Stückchen des Fells nichts mehr davon zu finden.

*Ellie mit Aufbruch. Nichts für schwache Nerven und zimperliche Gemüter.*

Gerade bei den Innereien kam es häufiger vor, dass ihnen etwas absolut nicht zusagte, vermutlich bitter oder säuerlich schmeckte. Vielleicht durch Galle oder Harnsäure? Was auch immer. Der angeekelte Gesichtsausdruck sagte alles! Mit der Zunge wurde mehrmals an den Gaumen geschnalzt, als würde dadurch der schreckliche Geschmack verschwinden. Viele versuchten sogar, das unappetitliche Ding herauszuwürgen. Solche unschönen Erlebnisse hielten sie jedoch keineswegs davon ab, sich kurz darauf wieder ins Getümmel zu stürzen, um sich den nächsten (hoffentlich besser schmeckenden) Fleischbrocken zu erkämpfen.

## FRISCHE FISCHE GEFISCHT

Weißfische, wie beispielsweise Rotfedern und Rotaugen, aber auch andere Arten wie Barsche und Hechte aus einer nahe gelegenen Fischerei landeten gelegentlich ebenfalls im Speisefass und wurden mit dem Auto nach Hause gefahren. Wer jemals ähnliche Aktionen im Sommer durchgeführt hat, wird nachvollziehen können, dass diese Zusatzfütterungen eher die seltene Ausnahme waren. Sommerliche Hitze, ein penetranter Fischgeruch in Kombination mit herumschwirrenden, glänzenden Schmeißfliegen waren nicht gerade angenehm. Wenn einem beim Ausladen auch noch ein stinkender Schwall aus brackigem Seewasser, schleimigem „Irgendwas“ und Schuppenresten bis an die

Ohren spritzte ... Was war das scheußlich! Selbst für eine ambitionierte, nicht gerade zimperliche zweibeinige Wildschwein-Mami.

Bei größeren Fischen, wie zum Beispiel den Barschen, ging Tanti ähnlich zu Werke wie bei den Hühnern und Tauben. Die Fische wurden auf den Rücken gelegt und mit der Nase gestreift: So gelangte sie an die begehrten Fischeier. Einige der Frischlinge reagierten bei Fisch bisweilen verhalten. Ob es der Geruch oder die Konsistenz war, die sie zögern ließen? Oftmals übernahmen sie die von den erwachsenen Tieren vorbearbeiteten Fische, bei welchen das Fleisch schon offengelegt worden war. Fische gehören nicht zum gängigen und regelmäßigen Nahrungsbestandteil einer Wildschweinrotte – wenn es jedoch der Zufall ergibt, werden sie die Gelegenheit sicherlich nutzen. Möglichkeiten ergeben sich beispielsweise, wenn kleine Teiche im Sommer trockenfallen oder wenn Gewässer abgelassen werden.

## FRISCHLING TRIFFT KRÖTE

Einmal konnte ich während meiner Wildschweinjahre erleben, dass ein Wildschwein beim Wühlen auf eine verendete Erdkröte traf. Der halbwüchsige Frischling tastete sich mit seiner Nase erst vorsichtig heran und nahm die Kröte dann am Hinterleib auf – um sie gleich wieder fallen zu lassen. Ich nehme an, dass das Drüsensekret, mit dem sich diese Art wirkungsvoll vor Feinden schützt, auch bei einem toten Exemplar noch zu schmecken war.

Andere Amphibien, wie Wasser-, Gras-, und Moorfrosch, wurden vor allem während der Wintermonate in den Mägen von Wildschweinen festgestellt. Sie werden beim Wühlen im Uferbereich von Teichen und Seen von den Schweinen entdeckt worden sein. Zahlreiche Wissenschaftler sehen die Aufnahme von Fröschen und Molchen eher als Not- oder Zufallsnahrung. Ich machte nur die eine Beobachtung diesbezüglich und habe darauf verzichtet, für meine Rotte irgendwelche bedauernswerte Grasfrösche und Teichmolche zu fangen. Sie wären vermutlich sowieso nur „angelutscht“ und wieder ausgespuckt worden.

## ABSOLUT KEINE TRÜFFELSCHWEINE

Immer wieder hört und liest man den Zusammenhang zwischen Wildschwein und Pilzen, jeder verbindet Schweine und eben auch Wildschweine irgendwie mit einem ambitionierten Trüffelschwein: „Die müssen doch ganz schrecklich gerne Pilze fressen.“ Dies kann ich in keiner Weise bestätigen. Entweder hatten meine Wildschweine eine klare Pilzabneigung oder diese Vorliebe wird Wildschweinen angedichtet. Sowohl im Gatter als auch im großen Revier wuchsen allerlei verschiedene Pilzarten. So manches Mal hatte ich mir die Standorte der

**WILDSCHWEINE UND PILZE**

Verschiedene Untersuchungen von Mageninhalten ergaben, dass Pilze nur einen geringen Anteil an der Nahrung von Wildschweinen einnehmen. So wurden zum Beispiel in einer Studie mit 333 untersuchten Mägen nur in sieben davon Pilzreste gefunden. Wenn jedoch Pilze von Wildschweinen gefressen werden, dann sind dies tatsächlich Schwämme und trüffelartige Pilze. Wenn schon – denn schon!

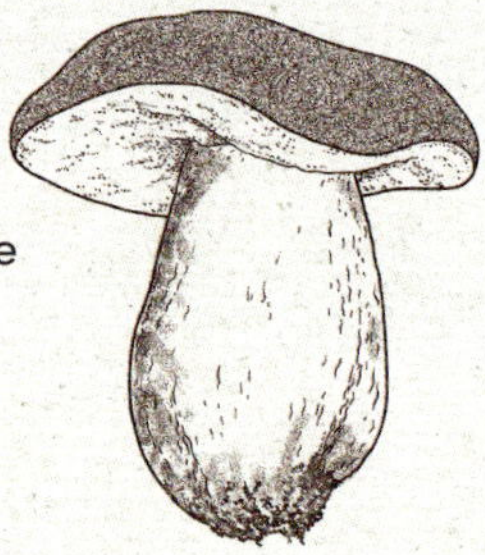

zahlreichen Maronen, Röhrlinge und Sandpilze gemerkt, doch Tage später waren sie nach wie vor unversehrt. Weder giftige noch ungiftige Pilze fielen in das Beutespektrum meiner Schweine.

## GETROCKNETES UND SILIERTES GRAS – NICHT NUR ZUM FRESSEN

Mit immer größer werdender Rotte fütterte ich während der Wintermonate zusätzlich Heu und Anwelksilage, welche ich – ähnlich dem frischen Gras im Frühjahr – in kleinen Haufen im Gatter verteilte. So hatten auch die etwas rangniedrigen Tiere die Gelegenheit, in Ruhe zu fressen. Die Reaktion auf dieses Raufutter waren keine großen Beifallsbekundungen, doch es wurde gefressen. Als ich meinen Wildschweinen das erste Mal die zwar fast trockene, aber dennoch intensiv duftende Anwelksilage mitbrachte, musste ich erkennen, dass sie nicht nur zum Fressen, sondern auch zum Suhlen genutzt wurde. Nick Knatterton lief zum ersten Haufen und meinte wohl, Heu vorzufinden. Erstaunt wühlte er erst mit der Nase, dann mit dem ganzen Kopf und letztendlich mit dem ganzen Körper in der Silage. Der hässliche Otto reagierte genauso und scheuerte begeistert sein Kinn und seinen Kopf in einem der Haufen. Mit den Vorderläufen scharrte er das silierte Heu auseinander, um sich anschließend wie in einer Suhle darin zu wälzen und schließlich behaglich liegen zu bleiben.

Kurioserweise zeigten ausschließlich die Keiler diese Reaktion. Und nicht nur einmal, sondern bei jeder Lieferung frischer Silage! Diese Verhaltensweise muss mit dem Geruch nach Gärung zusammenhängen. Scheinbar bringt er die männlichen Wildschweine dazu, sich dort hineinzulegen, um ihn am kompletten Körper noch zu intensivieren. Es muss schön sein! So sah es auf jeden Fall immer aus.

*Es knuspert: Runkelstücke werden geschickt ausgehöhlt. Die Frischlinge beherrschen diese Technik nach wenigen Tagen.*

## EIN FLOP: KARTOFFELN FÜR (UND VOR) DIE SÄUE

Im ersten und zweiten Jahr mit meinen Wildschweinen meinte ich, den Schweinen einen großen Gefallen damit zu tun, ihnen während der kargen Wintermonate gekochte Kartoffeln zu servieren. Ich stellte mir vor, dass es ihnen guttun würde: lauwarme Kartoffeln mit Mais, wertvolle Kohlenhydrate für die Tiere dort draußen. Ich okkupierte einen ausrangierten verbeulten Glühweinkessel aus dem Wildwald und fuhr mit dem Anhänger zu einem Kartoffelbauern. Abgedeckt unter einer Plane hatte ich jetzt Mengen, Unmengen an Knollen.

Jeden dritten Tag kochte und brodelte es in dem Glühweinkessel, als müsste eine ganze Kompanie satt werden. Ich kippte die fertigen Kartoffeln in die Schubkarre, mischte Sonnenblumenöl und Mais dazu. Mir fehlten eigentlich nur noch eine professionelle Kochschürze und ein hygienisches Häubchen. Bald sollte ich jedoch erfahren, wie es einer eifrigen und pflichtbewussten Hausfrau und Mutter erging, die sich stundenlang schwitzend am Herd und am Backofen abrackerte und dann mit Kindern konfrontiert wurde, die abends lustlos in dem mühevoll zubereiteten Essen herumstocherten. Meine Wildschweine wühlten und matschten ebenfalls in den Kartoffeln herum, fummelten sich den Mais heraus, wühlten nochmals und rannten an die leere Karre, als wollten sie fragen: „Müssen wir das wirklich essen? Gibt es nichts anderes?" Ich drohte mit dem Abtransport in das nächste Tierheim, aber es blieb dabei: Kartoffeln, egal ob roh oder gekocht, wurden kaum beachtet und nur dann widerwillig angenommen, wenn es nichts anderes gab.

Heinz Meynhardt hatte in zahlreichen Versuchen festgestellt, dass Wildschweine besondere Vorlieben und eben auch Abneigungen gegenüber bestimmten Kartoffelsorten haben. Vermutlich hatte ich gerade die Sorte ausgewählt, die auf der Beliebtheitsskala recht weit unten rangierte.

## RUNKELN ALS BELIEBTES SAFTFUTTER

Im Gegensatz zu den mühsam angekarrten Kartoffeln fand meine Rotte großen Gefallen an Runkeln, auch Runkelrüben genannt. Einmal mit dem Spaten zerteilt, wurden die saftigen Früchte vor allem im Winter sehr gerne gefressen. Es war immer lustig mit anzusehen, wie die Runkelhälften elegant mit dem Vorderlauf festgehalten und dann mit den Vorderzähnen ausgehöhlt wurden. Die Schalen ließen sie meist liegen.

Salz bot ich meiner Rotte ebenfalls an. Ich verteilte drei Lecksteine im Auswilderungsgatter und konnte bereits in den folgenden Tagen sehen, dass sie regelmäßig genutzt wurden. Vor allem die älteren Tiere suchten die Stellen auf. Tanti zum Beispiel beleckte die Steine direkt. Den anderen war dies vermutlich doch zu intensiv salzig. Sie leckten an dem Stubben, auf dem die Steine lagen, oder am Erdreich, das sicherlich mit ausgewaschenem Salz angereichert war.

### AUFWENDIGE NAHRUNGSANALYSEN

Zahlreiche Verhaltensforscher und Wildschweinexperten haben sich in Nahrungsanalysen des Schwarzwildes versucht. Sie sind jedoch zu keinem einheitlichen Ergebnis gekommen. Die prozentualen Anteile der einzelnen Nahrungskomponenten, eingeteilt in unterirdische pflanzliche Nahrung, grüne Pflanzenteile, Früchte, Beeren und Getreidearten sowie animalische Nahrung, lassen sich – bei so unterschiedlichen Lebensräumen, die das Wildschwein mittlerweile besiedelt – nicht oder kaum auf einen Nenner bringen. Wildschweine, die in weitläufigen urwaldähnlichen Gebieten vorkommen, haben natürlich andere Nahrungsschwerpunkte als Populationen, die in Siedlungsnähe mit großen landwirtschaftlichen Flächen und offenem Grünland leben.

## FEINSCHMECKER, WENN DAS ANGEBOT PASST

Ich habe festgestellt, dass sich Wildschweine bei einem üppigen Futterangebot – trotzdem sie bekanntermaßen Allesfresser sind – dennoch als Feinschmecker, ja richtige Gourmets entpuppen! Haben sie ausreichend Nahrung zur Verfügung, wählen sie aus und zeigen sich sogar mäkelig.

Ich hatte über lange Zeit die beste Gelegenheit, ihnen ein Vielerlei an Nahrungskomponenten vorzusetzen, und musste nur die Reaktion meiner „Versuchsschweine" abwarten. Es hatte ein wenig Ähnlichkeit mit der (möglichst unauffälligen) Beobachtung der Wildwald-Übernachtungsgäste am Frühstücksbüfett. Da waren die Gierigen, die sich den Teller mit allem erst einmal vollpackten, als gäbe es die nächsten Tage nichts mehr zu essen. Da waren die Vorsichtigen, die hier ein bisschen pickten und dort ein bisschen drückten und skeptisch alles berochen. Und da waren die Bescheidenen, die sich erst einmal ganz hinten anstellten und dann leise mit einem Vollkornbrötchen und einer Scheibe Käse an ihren Platz zurückkehrten.

In meiner Rotte war es ganz ähnlich. Hier sah ich ebenfalls, dass die einzelnen Tiere ihre individuellen Vorlieben hatten (und ihre ganz eigenen Büfettmanieren). Der hässliche Otto fraß mit großer Gier die matschigen Birnen. Ellie liebte die Fleischbeilagen, besonders die Tauben – und hatte dabei so gar kein anständiges Benehmen! Tanti fraß im Frühjahr schubkarrenweise frisches Gras und Knatterton machte es seiner Schwester nach und gierte ebenfalls nach dem tierischen Eiweiß.

# ANKUNFT UND ABSCHIED

Dann folgte ein denkwürdiger Tag im Mai, an dem ich tatsächlich meinte, an Halluzinationen zu leiden. Zumindest zweifelte ich an meiner bescheidenen Sinneswahrnehmung.

Meine Enkelschweine waren mittlerweile aus dem Gröbsten raus und waren zum festen Bestandteil der kleinen Rotte geworden. Tagtäglich konnte ich sie bei der Fütterung sehen und ihre rasche Entwicklung miterleben. Sie waren munter und agil und fraßen bereits fleißig mit (oder sie taten zumindest so).

Es war schön und sonnig, als ich mit meiner Schubkarre in Richtung Auswilderungsgatter ging. Am Tor war „keine Sau" zu sehen, aber einige Schippen voller Mais verteilte ich auch hier. Wegen meines besonderen Kumpels Otto blieb ich brav am Zaun und fuhr mit der Karre weiter nach oben, verstreute noch eine Ladung Mais.

Hier entdeckte ich Nick Knatterton und den Fränkischen Otto. Irgendwie fand ich diese Gemeinschaft äußerst nett. Ich schaute den Herren ein wenig beim Fressen zu, suchte Knatterton nach nicht vorhandenem Ungeziefer ab und machte mich wieder auf den Rückweg. Weiter unten konnte ich Ellie und Tanti mit den Frischlingen durch die Bäume hinweg ausmachen. Sie waren mit dem Mais beschäftigt, den ich vorher dort hingestreut hatte. Eifrig wedelten die Pürzel hin und her, es knusperte und knackte. Schön, dann konnte ich den Rest der Schweinebande ebenfalls begrüßen.

## GEGEN DIE NORM: GASTFREUNDSCHAFT IN WILDSCHWEINROTTEN

Ich näherte mich meiner Rotte und blieb erstaunt stehen. War Knatterton mit nach unten gelaufen? Ich hatte es gar nicht bemerkt. Dort waren doch drei größere Schweine! Aber die dritte Schweinesilhouette sah ein wenig zu klein aus. Oder hatte ich mich getäuscht? Nochmals zählen. Nein. Definitiv drei größere dunkle Körper. Dazwischen und daneben wuselten die kleinen Frischlinge. Ich ging weiter nach unten, um dem Rätsel auf die Spur zu kommen, und blieb verdutzt stehen: ein fremdes Wildschwein! Was und wer bitte sehr, war das denn? Vor mir standen meine beiden Schweinemädchen, der gestreifte Nachwuchs und ein Gast. Abseits, am Rand, entdeckte ich tatsächlich eine junge Bache. Es war kaum zu glauben.

*Die gut erholte Gastbache: mein sympathischer Neuzugang mit „Knubbel“ auf der Nase.*

Vom Alter her schien sie mir wie meine drei Handaufzuchten. Aber das war es dann auch schon mit der Ähnlichkeit. Sie sah erbärmlich aus: bis auf die Knochen abgemagert, dünne, zerzauste Borsten und zwei Abszesse. Ein eher unauffälliger Knubbel auf dem Nasenrücken und eine etwa faustgroße Beule auf dem hinteren Oberschenkel. Ich fing zu grübeln an und spekulierte: Vermutlich war diese schwache und kränkliche Bache aus ihrer Rotte ausgestoßen worden. Vielleicht war sie am Auswilderungsgatter entlanggezogen und hatte Futter gewittert. Irgendwo musste sie sich dann durchgequetscht haben. Bei ihrer eher sportlich-schlanken Figur wohl keine Schwierigkeit.

Wieder einmal staunte ich über das Verhalten meiner Wildschweine. Sowohl Tanti als auch Ellie waren unverkennbar mit der „Gastbache“ nicht einverstanden, ihre Begeisterung hielt sich wirklich in Grenzen. Man konnte ihnen den Missmut ansehen. Doch was ich in den nächsten Tagen beobachten sollte, wird in zahlreichen älteren Abhandlungen über Schwarzwild eigentlich als „nicht möglich“ beschrieben. Aber es zeigte sich erneut: Die Verhaltensweisen von Tieren können wir nicht stur nach irgendwelchen Regeln festschreiben. Schon gar nicht bei einer Wildart, die derart flexibel, handlungs- und anpassungsfähig ist wie das Wildschwein.

Tanti und Ellie starteten abwechselnd kurze Versuche, den Fremdling zu verjagen. Bereits nach kurzer Zeit wurde mir jedoch klar, dass diese Aktionen ohne ernst zu nehmende Aggression, ohne viel Nachdruck und eigentlich sehr „unmotiviert“ durchgeführt wurden. Kam der Gast den fressenden Bachen zu nahe, drehte sich eine von ihnen um, grummelte einen kurzen Abwehrlaut und setzte dem fremden Wildschwein einige Meter hinterher, um dann eher gelassen wieder zurückzukehren. Die Gastbache ließ sich davon nicht besonders beeindrucken oder einschüchtern, sondern kam, ganz stur und dickköpfig, im kleinen Bogen zurück. „Bün all wedder doar." Das Schauspiel hatte etwas von dem Hasen und dem Igel. Und so sollte es in den folgenden Tagen weitergehen, denn unser Gast dachte gar nicht daran, das paradiesische Auswilderungsgatter zu verlassen. Jeden Tag war ich aufs Neue gespannt, ob sie noch da sein würde.

Am fünften Tag nach ihrer außergewöhnlichen Ankunft war es dann tatsächlich so weit: Als ich zum Füttern an das Gatter kam, stand sie inmitten meiner Minirotte! Zwischen Tanti und Ellie mit den kleinen Frischlingen, als wäre sie schon immer ein Teil davon gewesen. Sie war endgültig zum Rottenmitglied geworden und sollte es auch bleiben. Wer hätte das für möglich gehalten? Eine fremde und noch dazu kranke Bache wird von einer Rotte aufgenommen! Wieder einmal geriet ich ins Grübeln. Wildschweinphilosophie.

Ich vermute, dass einige Faktoren für dieses Verhalten „außerhalb der Norm" ausschlaggebend waren und damit das Unmögliche möglich machten. Entgegen aller Lehrbücher. Sogar Heinz Meynhardt schreibt in seinem Buch Schwarzwildreport – Mein Leben unter Wildschweinen: „In all den Jahren meiner Beobachtungen ist es nie vorgekommen, dass ein fremdes Stück Mitglied dieser Rotte werden durfte." Vielleicht handelt es sich jedoch auch um ein neues Phänomen, das sich erst in den letzten Jahren mit steigenden Wildschweinbeständen entwickelt hat.

Natürlich waren die Ausgangsbedingungen in meinem Gatter ein wenig anders, als die in freier Wildbahn. Meine Rotte war zum einen sehr klein, zum anderen setzte sie sich aus jungen und unerfahrenen Tieren zusammen, ohne eine alte und strenge Leitbache. Das Nahrungsangebot bzw. Futter war ausreichend, wenn nicht sogar perfekt. Auseinandersetzungen am Futterplatz waren also eher eine Nebensache und selten. Aber wer weiß? Sollten diese Ausgangsbedingungen in freier Wildbahn ebenfalls vorliegen: eine junge, frisch zusammengesetzte Rotte in einem Lebensraum, dessen üppiges Nahrungsangebot zu wenig Futterneid und damit wenig Stress und Aggressionen Anlass gibt. Dazu ein Verband, im Aufbau begriffen, dessen Struktur und Rangordnung noch nicht strikt festgelegt wurde.

Aber vielleicht ist diese Verhaltensweise auch bei zwei aufgesplitteten – ein wenig kopflosen – älteren Rotten möglich? Zwei Rottenhälften, die sich dann zu einem kompletten Familienverband zusammenschließen, weil es für beide von Vorteil ist. Warum nicht? Ich bin mir sehr sicher, dass solche kuriosen, nicht der Norm entsprechenden Vorgänge in freier Wildbahn ebenfalls zu finden sind.

Doch wie sollte man es hier feststellen können? Wer kennt „seine“ Großrotten so genau, dass er eindeutig sagen kann: „Die dort hinten, die junge Bache und die daneben, die beiden sind neu dazugekommen.“ Wer kann nachvollziehen, ob Bachen von fremden Rotten aufgenommen werden und einen sicheren Platz im Verband erhalten? Sinnvoll wäre ein derartiges Verhalten ganz sicher, um starke Inzucht und genetische Verarmung innerhalb der Gemeinschaften zu verhindern.

## GASTI ZIEHT EIN UND BLEIBT

Nachdem feststand, dass mein Gast sich auf einen langen Besuch einrichtete, entwurmte ich die gesamte Rotte. Wieder einmal bewährten sich die Eintagsküken, die von der neuen Bache ebenfalls mit Heißhunger gefressen wurden.

Aufgenommen in einen Familienverband, ohne Stress und ohne zur Dauerbewegung gezwungen zu sein, noch dazu mit regelmäßigen Futtergaben, konnte man fast täglich beobachten, wie Gasti – so taufte ich die Gastbache – zulegte und selbstbewusster wurde. Sie war mir von Anfang an sympathisch (und ich ihr auch), diese fremde Bache, der wir gerne Asyl gewährten. Ihr ganz spezieller Charakter, der nach Wochen und Monaten deutlich zutage trat, war völlig anders als der meiner Schweinemädchen. Aber sie sollte eine wunderbare Ergänzung und Bereicherung unserer Schweinefamilie werden.

Nach einigen Wochen platzte Gastis Abszess auf und dickflüssiger, gelber Eiter lief heraus. Die Bache blieb daraufhin einen Tag weg und kam mit einer dicken Schlammschicht bedeckt wieder zum Vorschein. Es dauerte keine Woche, bis die offene Stelle verheilt und nichts mehr davon zu sehen war.

## EIN ÜBERLÄUFER MACHT SICH AUF DEN WEG

In diesem Sommer entließ ich schweren Herzens meinen kleinen Knatterton in die große Freiheit. Er war mittlerweile alt genug, um die Mutterrotte – und damit auch mich – zu verlassen.

Seit einigen Wochen schon hatte Knatterton sich distanziert und abgesondert. Von den drei Bachen und den Frischlingen hielt er sich eher fern. Meist fraß er alleine oder er hängte sich an Otto. Als Frischling war er der Kleinste und „Verträumteste“ gewesen, mein Sorgenkind. Auch als halbstarker Frischling war er körpermäßig immer hinter seinen beiden agilen und pummeligen Schwestern zurückgestanden. Irgendwann im vergangenen Herbst und über die Wintermonate hatte er jedoch aufgeholt. Plötzlich war er kräftiger, muskulöser und massiger geworden. Sein Schädel wurde breiter. Auf einmal war er

*Nicht mehr ganz klein, aber noch lange nicht erwachsen: Überläufer.*

tatsächlich ein Keiler geworden.Wenn er bei der Rotte war, stiftete er Unruhe, war aufmüpfig und frech. Er wurde sich seiner Kräfte bewusst und testete sie auch bei seinen Schwestern aus. Endlich durfte er mal austeilen! Er war jetzt nicht mehr der Rangniedrigste.

Kurioserweise hielt er sich mir gegenüber zurück, er „trippelte mich nicht an“ und benutzte mich nicht als „Sparringspartner“. Er war nach wie vor lieb, anhänglich, wollte unbedingt abgesucht werden und lag mir wie ein Hund zu Füßen. Aber der Abschied musste sein. In freier Wildbahn wäre nun ebenfalls der Zeitpunkt gekommen, um sich von seinem Familienverband zu trennen und seiner Wege zu ziehen.

Ich hängte eines der großen Tore des Auswilderungsgatters seitlich aus und lockte ihn in das angrenzende große Revier. Nachdem ich das Gatter wieder eingehängt hatte, ließ ich ihm erst einmal ein wenig Zeit, sich zu orientieren. Bald schon bemerkte Knatterton, dass er auf der „anderen Seite“ war – es sah ja alles anders aus und roch auch völlig neu!

Dann gingen wir beide los: Die zweibeinige Wildschwein-Mami und Nick Knatterton, der mir aufmerksam, witternd und mit hochgestellten Ohren eifrig folgte. Wir wanderten durch eine dichte Buchenverjüngung und gelangten an einen kleinen Wildacker. Ich setzte mich ins Gras und Knatterton erkundete die nähere Umgebung. Zum Fressen war er viel zu aufgeregt. Wir gingen weiter. Durch einen lichten Fichtenbestand, über eine sonnige Kahlfläche und wieder bergauf zwischen alten Lärchen und Buchen. Wir kämpften uns durch eine dichte Nadelholzdickung und standen erneut vor einem großen Altbestand. Irgendwann überholte Knatterton mich. Im zielstrebigen und selbstbewussten flotten Trab lief der junge Keiler an mir vorbei und verschwand weit hinten in einem dichten Gehölz aus Buchen und Birken.

Ich blieb noch lange dort mitten im Wildschweinrevier stehen und ließ in Gedanken meine zahlreichen Knatterton-Erlebnisse Revue passieren. Aus dem kleinen, winzigen, etwas verschusselten Frischling war ein eigenständiges und gesundes Wildschwein geworden. Er hatte die allerbesten Startbedingungen, um seinen Weg als erwachsener Keiler zu gehen. Ich drückte ihm fest die Daumen; mehr konnte ich nicht mehr für ihn tun.

*Auch der Kleinste wird groß und verlässt den Verband – und mich …*

**FAST ERWACHSEN: ÜBERLÄUFER**
In seinem zweiten Lebensjahr wird ein Wildschwein als Überläufer bezeichnet. Es ist eine entscheidende Phase in der Entwicklung, sowohl hinsichtlich der körperlichen Reife als auch der Sozialbindung. Die jungen Keiler werden bis zu einem Alter von etwa 17 bis 18 Monaten in der weiblichen Gemeinschaft toleriert. Dann werden sie „rausgeworfen" und verlassen den Mutterverband. Überläuferbachen dagegen bleiben meist in der Rotte.

## KURZFRISTIGE JUNGKEILERGEMEINSCHAFTEN

Ich habe in den letzten Jahren zahlreiche Überläufer kommen und gehen sehen. Ihre optische Verwandlung mitzuerleben und auch ihren sozialen Aufstieg, ihr Stärkerwerden zu beobachten, war stets spannend und schön. Bei zahlreichen jungen Keilern konnte ich feststellen, dass sie ein neues Streifgebiet durchaus in der Nähe ihrer ehemaligen Kinderstube wählten und daher bekam ich sie regelmäßig wieder zu Gesicht.

In der ersten Zeit, nachdem die jungen Keiler den Familienverband verlassen haben, bleiben Brüder oder junge männliche Verwandte häufig zusammen. Eine Zeit lang waren meine beiden Überläuferkeiler, meine Enkel, als „Duo" auf Tour. Vermutlich weil sich die jungen Wildschweine in kleinen Trupps, zu zweit oder zu dritt, bei der Erkundung eines unbekannten Lebensraums und neuer Einstände sicherer fühlen.

Die Rangordnung in diesen vorübergehenden Überläuferrotten ist bereits während der Frischlingszeit ausgekämpft worden. Doch trotzdem konnte ich gerade bei diesen Verbänden recht vehemente und harte Rangordnungskämpfe – besonders an Futterstellen – beobachten. Sie gingen nicht gerade zimperlich miteinander um. Sehr bald schon vereinzelten sich die Keiler daher und zogen alleine umher. Dann kehrte im Revier endlich wieder Ruhe ein.

Ich hatte mit all meinen Überläuferkeilern niemals Schwierigkeiten oder brisante Situationen. Falls einer der jungen Keiler sich ein bisschen hervortat, musste ich nur selbstbewusst auf ihn zugehen oder ihm einen resoluten Klaps auf den Nasenrücken geben. Damit war die Sache bereits geklärt. Ein verdutzter Blick aus verdutzten Wildschweinaugen und ein etwas beleidigter Rückzug: „Ich wollte ja gar nicht – aber ich geh dann mal lieber ..." Irgendwie fand ich sie in ihrer „halbstarken" Art immer überaus liebenswert.

# MEINE SCHWEINEMÄDCHEN

Meine Schweine-Minirotte wuchs und gedieh. Je stärker sie wurde, umso besser war die Aussicht, sich später behaupten zu können. Ich konnte ohne Bedenken in das Auswilderungsgatter gehen.

Vor einiger Zeit hatte ich Otto in die weite Welt des Jagdgatters entlassen. Nachdem sich der fränkische Keiler zunächst geziert hatte und so gar nicht hinaus wollte, konnte ich endlich meine rote „Otto-Abwehrschaufel" beiseitestellen. Von meinen Schweinemädchen wurde ich stets freundlich und freudig, wenn nicht sogar begeistert begrüßt. Ich habe sie mir gegenüber niemals, auch nicht ansatzweise, aggressiv erlebt.

*So sieht eine überaus freundliche (und feuchte) Begrüßung aus!*

## MENSCH TRIFFT AUF WILDSCHWEIN. WAS NUN, WAS TUN?

Viele Menschen sind sehr unsicher, wenn es um Wildschweine und das richtige Verhalten gegenüber dieser Wildart geht. Nicht selten sprechen uns Besucher im Wildwald darauf an oder ich erhalte E-Mails, die von einer Wildschweinbegegnung berichten. Viele von ihnen wollen wissen, ob sie denn richtig reagiert haben. Es ist immer schwierig, hier eine Ferndiagnose zu stellen. Ganz einfach weil man die Situation nicht selbst miterleben und einschätzen konnte. Und gerade dies scheint mir bei Wildschweinen ausschlaggebend zu sein: War es ein einzelnes Tier? War es ein Keiler oder eine Bache? War es eine Rotte, die auch gewarnt hat und schnell auf Distanz gegangen ist, oder war es eine einzelne Bache mit kleinen Frischlingen, die sehr selbstbewusst auftrat?

Wildschweine sind keineswegs von Natur aus aggressiv, wie es in so manchen schrecklichen Schauermärchen berichtet wird. Sie ziehen sich eher zurück und flüchten. Sie können aber auch äußerst wehrhaft sein. Es kann durchaus Situationen und Umstände geben, in denen ein Wildschwein einen Menschen als Bedrohung ansieht und mit einem Angriff reagiert. Dies kann zur Rauschzeit ein umherziehender Keiler sein, dem man zufälligerweise in die Quere kommt. Das kann eine unerfahrene, unsichere Bache mit ihrem Nachwuchs sein, der man unbewusst den Weg zu einem ihrer Frischlinge versperrt. Es kann eine wehrhafte Bache sein, die im Wurfkessel liegt und bei der der Mutterinstinkt berechtigterweise Alarm schlägt.

Bei einer Wildschweinbegegnung beim Waldspaziergang empfehle ich immer einen bedächtigen, ruhigen Rückzug. Egal, ob es eine Rotte ist oder es sich um ein einzelnes Tier handelt: Wildschweine haben Vorfahrt! Keinesfalls sollte man, womöglich noch mit zwei kläffenden Hunden an der Leine, auf die Schweine zugehen und eine direkte Begegnung provozieren. Das kann nicht gut ausgehen. Nicht für den Menschen und erst recht nicht für den armen Hund.

## WUNDERBARE VERTRAUENSSACHE

Während meiner Schweinejahre bin ich sehr unbeschwert und voller Vertrauen mit meinen Handaufzuchten umgegangen. Mit ihnen habe ich in all den vielen Stunden den direkten Kontakt und die enge Bindung gepflegt.

Die obligatorische „Nase-an-Nase-Begrüßung“, das kurze Anschnaufen, das Vorsichhinplaudern und die intensive Körperpflege waren unsere täglichen Rituale. Zusammen haben wir in der Sonne gelegen. Seite an Seite. Wobei Wildschweine übrigens die etwas unhöfliche Angewohnheit haben, sich ganz schön breitzumachen. All dies habe ich nicht nur in den Anfängen mit den kleinen zarten Frischlingen genossen, sondern auch später mit meinen 80-kg-Schweinemädchen. Ohne genauer darüber nachzudenken, niemals mit Zögern oder Angst. Ich bin von meinen Wildschweinen nicht enttäuscht worden.

Bei den zahlreichen Frischlingen, die in den folgenden Jahren meine Rotte vergrößerten, habe ich mich bewusst sehr zurückgehalten. Niemals habe ich den Versuch unternommen, die jungen Tiere anzufassen oder sie zahm zu machen. Mit Absicht. Sie sollten die besten Überlebenschancen haben, aufmerksam, wild und wachsam bleiben und sich vor allem nicht an den Menschen gewöhnen.

Ich kann nicht sagen, mit welcher meiner Bachen ich einen intensiveren Kontakt hatte. Beide waren (und sind) sehr anhänglich und beide respektierten stets meine hohe Stellung in der Rotte. Ich hatte nie irgendwelche Machtkämpfe zu bestehen, auch nicht mit Tanti, die mich leicht aus der Bahn hätte werfen können. Aus den einst empfindlichen gestreiften Frischlingen waren wunderbare ausgewachsene Tiere geworden. Sie hatten ihren eigenen Charakter und ihre besonderen Eigenarten entwickelt. Sie waren liebenswerte eigenständige Persönlichkeiten, mit denen man gerne eng befreundet war. Sie waren wirklich rundum gelungen!

## TANTI, DIE POLTERIGE CHEFIN MIT TOLERANTEM FÜHRUNGSSTIL

Tanti war nach mir die zweite Chefin. In meiner Abwesenheit war sie ganz eindeutig die Leitbache und damit die Ranghöchste. Als Chefin war Tanti mehr als tolerant und außergewöhnlich geduldig, besonders den Frischlingen gegenüber. Erstaunlicherweise auch dann, wenn es um das Futter ging. Tanti war sehr ruhig, gemächlich, bedächtig und mir gegenüber überaus anhänglich. Oftmals war es ihr wichtiger, von mir gekrault und abgesucht zu werden als zu fressen. Ihr „bolleriges“ Verhalten, das sie bereits als kleiner Frischling gezeigt

*Tanti sichert die Lage … und in diesem Fall die Schubkarre.*

hatte, behielt sie bei. Sie intensivierte es sogar noch! Ein wenig polterig, aber überaus liebenswert – so könnte man diese Bache kurz beschreiben. Glücklicherweise hatte sie ihren etwas grobmotorischen Spieltrieb – mit der Nase anstoßen und Hiebe austeilen – abgelegt. Mittlerweile wäre ich allerdings auch kein geeigneter Spielkamerad mehr gewesen und wäre recht unsanft in das nächste Eck bugsiert worden.

Ich habe Tanti während der ganzen Jahre niemals hektisch erlebt. Sie war wachsam und aufmerksam, aber nicht nervös. Tanti war stets neugierig, mutig und immer diejenige, die als erste auf neue Sachen zuging. Sei es ein Eimer, eine andere Schaufel, unbekanntes Futter, ein offenes Tor oder eine umgebaute Zaunklappe. Das ist der Part der Leitbache: vorausgehen, sichern, abklären und die Rotte leiten.

*Hier kommt die Chefin:*
*Ich hätte nicht gedacht, dass ein Wildschwein so einmalig sein kann.*

Im ersten Frischlingsfrühjahr hatte sie in ihrer Funktion als Tante restlos überzeugt. Wenn ich es nicht selbst tagtäglich beobachtet hätte, hätte ich ein derartiges Verhalten bei Tieren nicht für möglich gehalten.
Optisch tanzte Tanti ebenfalls gehörig aus der Reihe. Ähnlich wie ihr Bruder hatte sie, vor allem in der Winterschwarte, nahezu silberfarbige Borsten, die zudem erstaunlich lang, dicht und gekräuselt waren. Sie war groß, kräftig und beeindruckend. Ihr Kopf, der im späten Frischlingsalter schon an einen Keiler erinnerte, war so kräftig geblieben. Manchmal musste man zweimal hinsehen, um sich zu vergewissern, dass es eine Bache war. Ich hatte wirklich ein imposantes Mädchen großgezogen.

Tanti fand Otto äußerst unsympathisch und sollte daher erst vier Jahre später Frischlinge führen. Sie war eine überaus besorgte und fürsorgliche Mutter.
In diesem Jahr legten meine drei Bachen ihren Nachwuchs zu einem großen „Kindergarten" zusammen und natürlich war es auch Tanti, welche die Hauptverantwortung für die Frischlinge übernahm. Bei der kleinsten Bewegung oder einem beunruhigenden Geräusch, sammelte sie weit über 20 Frischlinge um sich: „Alle mir nach! Nicht bummeln!" und zog mit ihnen von dannen, um sie in Sicherheit zu bringen. Aber dazu später mehr.

Heinz Meynhardt hat immer wieder das erstaunliche Sozialverhalten von Wildschweinen beschrieben. Er betonte stets, dass es bei sozial lebenden Tieren besonders wichtig sei, dass eine gewisse Ordnung innerhalb der Gruppe herrsche – ansonsten würde die Gemeinschaft durch ständige Kämpfe schnell auseinanderfallen. Aus diesem Grund hat jedes Tier in einem Rudel, einer Rotte oder einer Herde einen bestimmten Platz, so auch bei Wildschweinen. In jeder Rotte gibt es eine strikte Rangordnung, die nach dem Alter und der Konstitution abgestuft wird.

In zahlreichen jagdlichen Büchern findet man in diesem Zusammenhang noch immer die Behauptung, dass eine Leitbache ihren Rang verliert, wenn sie keine Frischlinge führt. Das ist nicht korrekt und dem widerspreche ich (auch im Namen von Tanti) ganz vehement. Obwohl sie über vier Jahre lang keinen Nachwuchs hatte, war sie als stärkste und dominanteste Bache stets die Ranghöchste.

**OHNE LEITBACHE GEHT ES NICHT**

Die Führung einer Wildschweinrotte übernimmt eine Leitbache. Ausschlaggebend für die „Wahl" zur Leitbache sind das Alter und die körperliche Verfassung. Letztendlich denke ich, spielen dabei aber auch die Dominanz, der Charakter und das Temperament des Einzeltieres eine maßgebliche Rolle. Sind zwei Bachen einer Rotte gleich stark, so wird sich der Verband recht zeitnah aufsplitten. Alleine schon, um ständigen Stress und dauernde Unruhe durch tägliche Machtkämpfe zu vermeiden. Die Leitbache ist der Kopf des Familienverbandes und hält ihn zusammen. Die Führungsrolle tritt am deutlichsten an Futterplätzen zutage, ansonsten wird sie selten großartig nach außen gekehrt.

Die Aufgaben einer Leitbache werden in „Wildschwein-Fachkreisen" etwas kontrovers diskutiert: Die einen sprechen ihr einen überaus hohen und sehr dominanten Einfluss innerhalb der Rotte zu und gehen sogar so weit zu sagen, sie würde die Paarungsbereitschaft von anderen Bachen unterdrücken können. Die anderen dagegen zweifeln überhaupt das Vorhandensein einer Leitbache innerhalb eines Familienverbandes an.

Ich habe die recht eindeutige Feststellung gemacht, dass es sehr wohl eine Leitbache in einer Rotte gibt. Ihre wichtigste Funktion besteht meines Erachtens darin, ihrem Verband Struktur und Ordnung zu geben und für einen geregelten Tagesablauf zu sorgen. Bei Gefahren und in unsicheren Situationen ist es der Part dieser intelligenten Bache, vorauszugehen, abzuklären und im Sinne und zum Wohle der Rotte zu reagieren. Dass eine Leitbache jede Verhaltensweise und jede kleinste Handlung vorgibt und einläutet, ist allerdings nicht richtig – jedes Rottenmitglied darf den Ausschlag dafür geben und sich als Erster in die Dickung einschieben oder den Malbaum aufsuchen. Vor allem ist jeder dazu „befugt", Alarm zu schlagen. Auch der kleinste Frischling.

Der These, dass eine Leitbache in der Lage sei, die Rausche von Rottenmitgliedern zu unterdrücken, mag ich absolut nicht zustimmen – ganz einfach weil es der Wildart Wildschwein, einer Art, die auf Vermehrung „programmiert" ist, vollkommen widersprechen würde. Die Paarungsbereitschaft einer Bache, egal ob einjährig oder sechsjährig, wird von ihrer individuellen Gesamtkonstitution bestimmt. Ist ihr Gesundheits- und Ernährungszustand gut, dann steht einer Rausche nichts im Weg. Auch nicht eine beflissene Leitbache! Wildschweine sind zudem sogenannte R-Strategen. Es wäre völlig entgegen ihrer „Leitlinie" der maximalen Reproduktion, dass irgendwer oder irgendetwas ihre Paarungsbereitschaft unterdrücken können würde.

*Ellie tanzt an. Mit aufgestellten Ohren und guter Laune.*

## ELLIE, DIE GUT GELAUNTE BACHE MIT BEMERKENSWERTEN MUTTERQUALITÄTEN

Ellie, Tantis Schwester, war diejenige, die immer voller Schwung und in einem eleganten Trab, irgendwie leichtfüßig und stets gut gelaunt zur Begrüßung herantanzte. Aufgestellte Ohren, nett wedelnder Pürzel. Bewegung und Freude pur! „Hier bin ich nun! Hast du mir was Feines mitgebracht?" Sie war unverwechselbar, wenn sie auf einen zulief: leicht gieriger Blick und weit aufgestellte Ohren! Diese sonderbare Eigenart hatte sie sich irgendwann als halbwüchsiger Frischling angewöhnt. Von Weitem war sie damit schon zu identifizieren. Ellie hatte nichts von der Behäbigkeit und Geruhsamkeit von Tanti.

Eigentlich hätte Ellie ein Karnivor, vielleicht ein Wolf oder zumindest ein Bär, werden sollen. Mit der damit verbundenen Erlaubnis zum Fleischverzehr. Sie hat von Anfang an die eiweißhaltigen Fleischgaben geliebt und war eine Meisterin im Zerlegen. Während die anderen noch verzweifelt an den Taubenfedern zogen und mit den klebrigen, hartnäckigen Federn kämpften, hatte sie schon ihren ersten Vogel offen und lugte bereits nach dem zweiten. Sie hat es an meinen Händen und an meiner Kleidung gerochen, wenn ich noch irgendwo am Zaun eine besondere fleischige Leckerei deponiert hatte. Wie ein kleiner Bluthund hat sie mich dann umkreist. „Rück es doch endlich raus! Wo hast du es versteckt? Los mach schon!"

Ähnlich ihrer Schwester war sie sehr anhänglich und suchte, wenn ich in aller Ruhe auf meinem Stubben oder Eimer saß, immer wieder meine Nähe zur gegenseitigen Körperpflege. Dann legte sie sich in bequemer Seitenlage eine Zeit lang zu mir, grunzte vor sich hin und tanzte flugs wieder weiter, natürlich in Richtung Futter.

Als Mutter war Ellie unschlagbar. In den ersten beiden Lebenswochen der Frischlinge sehr umsichtig und besorgt, danach eher unkompliziert und bemerkenswert stressresistent. Nach all den Frischlingen, die sie mittlerweile großgezogen hatte, war sie irgendwann mehr als routiniert und abgeklärt. Auffällig war von Anfang an ihr tolerantes und wenig aggressives Verhalten den halbstarken Frischlingen gegenüber, egal ob es ihre eigenen Frischlinge waren oder die ihrer Rottenmitglieder. Ich habe kaum einmal erlebt, dass sie die jungen Tiere mit großer Vehemenz zurechtwies.

Ellie war prämierte „Schubkarrenumschubserin“. War sie in der Nähe (und sie war immer in der Nähe) musste ich aufpassen, dass sie mit den Vorderläufen nicht in die Karre hüpfte und sie umschmiss. Sie war schon als Frischling sportlich rausgehüpft, nun hüpfte sie genauso sportlich hinein.

*Mußestunde mit Ellie: Das ist gut für die Bindung, den Zusammenhalt – und bei juckenden Stellen hinter den Ohren.*

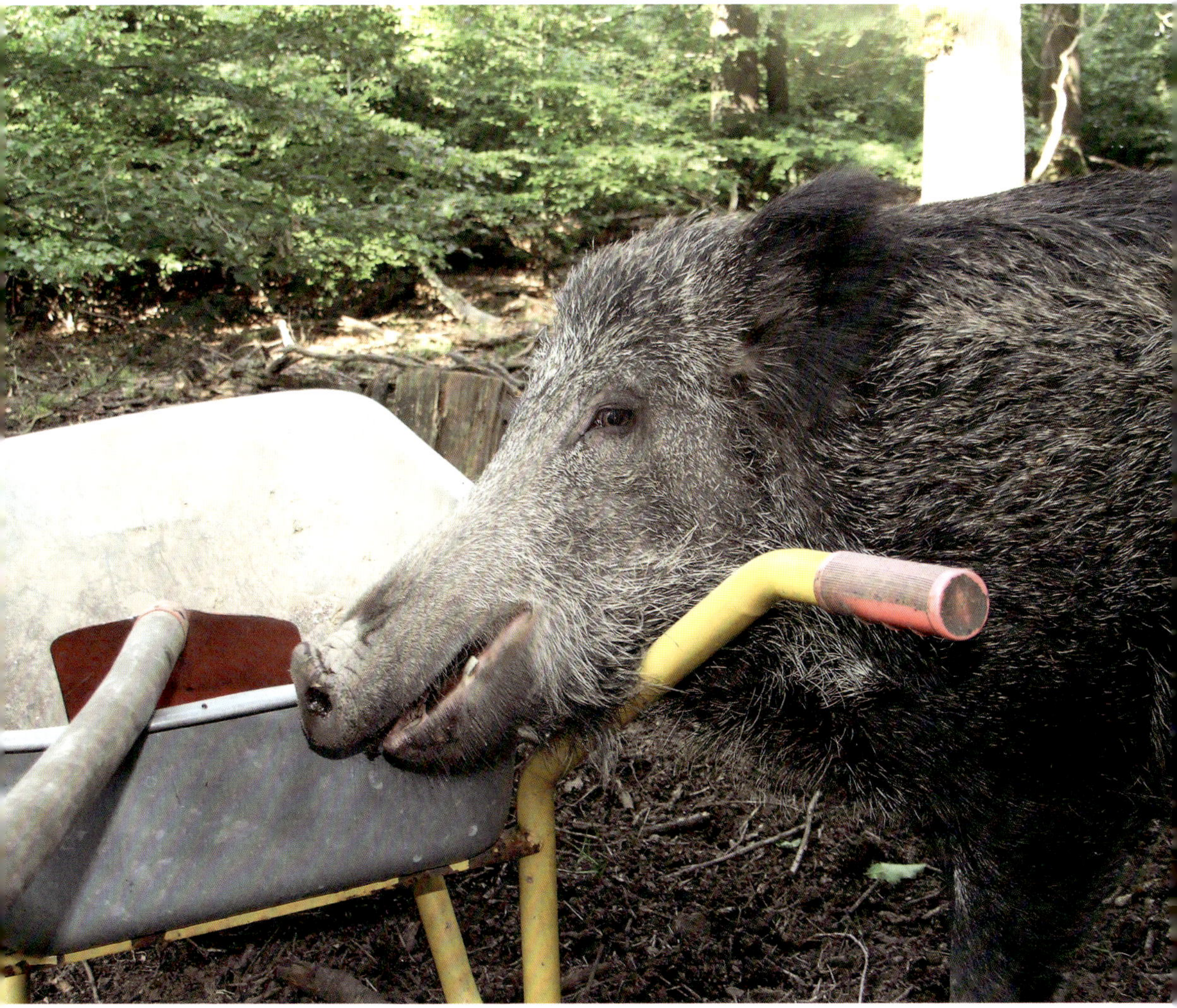

*Ellie mit der Schubkarre – kurz vor dem Schubs.*

*Gasti mit Frischling – sie ist eine prächtige Bache geworden.*

## GASTI, DIE DICKKÖPFIGE BACHE MIT GROSSARTIGEM DURCHSETZUNGSVERMÖGEN

Die Gastbache war mein ungeplanter Neuzugang, der in den folgenden Jahren die Rotte gut verstärken sollte. Wie bereits erwähnt war ihre Aufnahme in den Verband eine ziemliche Überraschung.

In all den Jahren hat sie ihre hohe Stellung in der Rangordnung behauptet. Auch zu den Zeiten, als die Rotte nahezu 20 Schweine zählte, hatte Gasti die dritthöchste Stelle nach Tanti und Ellie inne. Und die wollte sie behalten. Daran arbeitete sie hartnäckig jeden Tag! Nachdem sich ihre körperliche Verfassung gebessert hatte und sie zum ersten Mal Frischlinge führte, wurde sie selbstbewusst und stellte ihre Position sehr deutlich klar.

Ihr Verhalten mir gegenüber war von Beginn an kurios. Sie war tatsächlich ein „wildes" Wildschwein und hatte bis dato keinerlei Kontakt zu einem Menschen gehabt. Trotzdem zeigte sie sich mir gegenüber nie in Panik. Natürlich ließ sie sich von mir nicht anfassen, aber sie war keineswegs scheu und daher fraß sie später völlig ruhig und gelassen in meiner unmittelbaren Nähe. Bisweilen suchte sie geradezu meine Nähe.

Wenn ich es darauf angelegt und mich einige Tage intensiv mit ihr beschäftigt hätte, wäre auch Gasti handzahm geworden. Doch dies war ja nicht mein Ziel. Es war mehr als sinnvoll und ein glücklicher Zufall, dass ein „tatsächliches" Wildschwein meine Rotte bereicherte.

Ich vermute, dass ihr zutrauliches Verhalten dadurch zu erklären war, dass sie das unbedingte Vertrauen und die Arglosigkeit der beiden anderen Bachen mir gegenüber wahrnahm. Als neues Rottenmitglied erlebte sie dies ja tagtäglich mit. Sie hat dieses vertraute Verhalten dann einfach für sich übernommen. Mit ihr, dem fremden, wilden Wildschwein, hatte ich ebenfalls niemals Konfliktsituationen oder Auseinandersetzungen. Meist war es sogar Gasti, die mich im Gatter als Erste bemerkte und mir entgegenlief. Sie war es dann auch, die, als das Gatter geöffnet wurde, als Erste wieder nach Hause kam.

Den absoluten Vertrauensbeweis erwies sie mir jedoch, als sie mich genau wie meine beiden Schweinemädchen, bis zu ihrem Wurfkessel heranließ. Sie zeigte keinerlei aggressives, unwirsches Verhalten, was mich hätte zurückweichen lassen sollen und ging noch nicht einmal dazwischen, als zwei der drei Tage alten Frischlinge direkt auf mich zuliefen. Es war beindruckend und irgendwie überwältigend.

Gastis mütterliche Qualitäten waren völlig anders als die von Tanti und Ellie. Besonders in den ersten Lebenswochen der Frischlinge war auch sie fürsorglich, wachsam und sehr mütterlich besorgt. Mit zunehmendem Alter des Nachwuchses regte sich bei ihr aber der Futterneid und so manches Mal flog einer ihrer Frischlinge quer durch die Luft. Auch andere Frischlinge mussten schmerzliche Erfahrungen mit ihren recht rabiaten Erziehungsmethoden machen und schnell wurde an den Futterplätzen ein eleganter Bogen um „Frau Gasti“ gemacht. Vermutlich wurde dieses aggressive und oftmals unverhältnismäßige Verhalten von Gasti durch die Zeit hervorgerufen, in der sie sich alleine durchschlagen musste und wohl auch gehungert hat.

*Gasti, der nette Sturkopf, im rasanten Galopp.*

# AUF IN DIE GROSSE FREIHEIT

Fast zweieinhalb Jahre hatte ich meine Rotte im Auswilderungsrevier beherbergt. Sie zählte nun etwa 20 Tiere. Ellie hatte im Winter gefrischt und Gasti folgte ihr Anfang Januar mit ihren ersten zwei Frischlingen. Sie sollte kurz darauf nochmals tragend werden und bekam im Mai dann erneut Nachwuchs.

Tanti hielt sich, wie gehabt, aus der „Nachwuchslieferung" heraus und scharte in gewohnt fürsorglicher Art und Weise die Jugend und die älteren Frischlinge um sich. Die beiden überaus properen Überläuferbachen, meine groß gewordenen ersten Enkelschweine, folgten ihr wie Schatten und wurden von mir nur noch als ihr „Gefolge" bezeichnet. Es war eine in sich geschlossene, ausgewogene und sehr harmonische Rotte, ohne starke energiezehrende Machtkämpfe und ohne alltägliche stressige Auseinandersetzungen.

## GUT GEWAPPNET IM FAMILIENVERBAND

Es wurde Zeit, der Rotte die Tore in die Freiheit des Wildwaldes zu öffnen. Damit sie die Möglichkeit hatten zu ziehen, sich natürlich weiterzuentwickeln, sich eventuell aufzuteilen und die Überläuferkeiler aus dem Verband zu entlassen. Ich hegte die große Hoffnung, dass der Familienverband in dieser Zusammensetzung und vor allem in dieser wehrhaften Größe zunächst zusammenbleiben würde, während sie ihr neues Terrain erkundeten. Nur so waren sie sicher und mit ausreichend Durchsetzungskraft ausgerüstet, um sich gegen fremde Rotten zu behaupten. Aber sie waren gut vorbereitet: Die Rotte war gesund und in hervorragender Konstitution und sie war in sich intakt. Zudem hatte sie mit Tanti eine kräftige, intelligente und durchsetzungsfähige Leitbache.

Zum Wildwald hin gab es, sowohl in den Süd- als auch in den Nordteil, große Tore, die ich nun öffnen konnte. Es existierte bereits eine Pendelklappe. Doch nur die zu öffnen, war mir zu heikel, denn ich war mir unsicher, ob sie alle diese gewöhnungsbedürftige Einrichtung nutzten. Vor allem die kleinen Frischlinge von Gasti sollten den Anschluss an die Rotte nicht verlieren.

## LEICHTE BEDENKEN

Mein Vorgesetzter hatte ein wenig Bedenken, dass meine Rotte zu vertraut und zu zahm sein könnte, und er vermutete, dass die Tiere in den von Wildwaldbesuchern frequentierten Bereich ziehen und dort die Gäste „belästigen" würden.

*Das Tor ist offen. Kommen sie wieder? Bleiben sie zusammen?*

Derartige Bedenken hatte ich jedoch nicht. Ich ging eher davon aus, dass die Rotte zwar die Gegend erkunden und ziehen würde, doch ich nahm an, dass sie ihrem „alten" Zuhause treu bleiben würde. Hier waren ihnen die Dickungen und Einstände vertraut. Mit diesem Lebensraum verknüpften die Tiere nur positive Erfahrungen. Außerdem hatte ich, bis auf Ellie und Tanti, die Rotte wild gehalten. Sie reagierten auf Gefahren, Geräusche und Unbekanntes wie ganz normale wilde Schweine. Sie waren scheu geblieben und würden daher nicht den direkten Kontakt zum Menschen suchen. Glücklicherweise sollte ich damit recht behalten.

## SCHRITT FÜR SCHRITT NACH DRAUSSEN

An dem denkwürdigen Tag der Freilassung ging ich mit der kompletten Schweinebande (und das waren wirklich nicht wenige Schweine) zu einem der oberen großen Holztore. Und wäre von diesem üblen, schweren und klobigen Bauwerk fast erschlagen worden. Aber dies nur nebenbei. Zunächst realisierten meine Wildschweine gar nicht, dass sie hinaus konnten. Dass es tatsächlich offen war! Erst als ich die Vorhut bildete und ihnen voranging, folgten sie mir und mit dem Verlassen des bekannten und sicheren Auswilderungsgatters wurden aus meinen gelassenen, tiefenentspannten Wildschweinen plötzlich andere Tiere! Als hätte man einen Knopf gedrückt, einen Schalter umgelegt und irgendeinen Urinstinkt aktiviert: Die ganze Köperhaltung änderte sich. Auf einmal standen sie unter erwartungsvoller Anspannung. Die Federn wurden aufgestellt, die Ohren ebenso. Man witterte, horchte und hielt Kontakt. Die beiden Überläuferkeiler, die „Otto Juniors", waren die ersten, die zielstrebig und recht selbstbewusst von dannen zogen. Der Rest der Rotte scharte sich zunächst um mich und begann dann mit sichtlicher Begeisterung, im angrenzenden Bestand in den Grasbülten zu wühlen und den Boden umzubrechen. Tanti hielt sich dort nicht allzu lange auf. Sie zog mitsamt ihrem Gefolge und einigen älteren Frischlingen schnaubend und interessiert in die angrenzende Buchendickung.

Ellie blieb noch eine Weile bei mir und bummelte dann ebenfalls zusammen mit ihren Frischlingen in den lichten Nadelholzbestand, immer weiter, bis ich sie nicht mehr sehen konnte. Als Letzte verließ mich Gasti. Sie blieb lange mit ihren Frischlingen in unmittelbarer Nähe des offenen Tores und folgte dem Rest der Rotte nur sehr gemächlich. Vielleicht wollte sie mit ihrem doch noch recht jungen Nachwuchs lieber in der gewohnten Umgebung bleiben?

Ich hatte mir vorgenommen, meine Rotte weiterhin sporadisch zu füttern. Vor allem, um den Kontakt zu den Tieren nicht abreißen zu lassen und um sie im Auge zu behalten. Ich wollte unbedingt sehen, wie sich die einzelnen Tiere weiter entwickelten und ob sich die Rottenstruktur und -zusammensetzung im Laufe der kommenden Wochen und Monate veränderte. Zu keiner Zeit hegte ich jedoch die Befürchtung, dass ich mit dem Öffnen der Tore meine Schweine „verlieren" könnte – zu keiner Zeit zweifelte ich an unserer engen Bindung.

Für den November waren, wie jedes Jahr, zwei große Jagden im Wildschweinrevier des Wildwaldes geplant. Diese dienten der Reduktion der Wildschweinpopulation und sollten verhindern, dass der Bestand über ein gesundes Maß hinaus wuchs. Die Jagden, die unser Forstbetrieb generalstabsmäßig organisierte, sollten den größten Teil der Reduktion mit sich bringen. Mit einem sicheren Ablaufplan, versierten Schützen und ortskundigen Treibern wurde gewährleistet, dass die Jagden ruhig, ohne Hektik und unter Einhaltung von tierschutzrechtlichen Vorgaben durchgeführt wurden. Danach sollte schnell wieder Ruhe im Revier einkehren. Nichtsdestotrotz wollte ich vor diesen Terminen meine Rotte wieder in der sicheren Verwahrung des Auswilderungsgatters wissen. Die Schweine wären sonst – ahnungslos und blauäugig und noch in keiner Weise mit dem Ablauf der Jagden und den Treiberwehren vertraut – dem Abschuss ausgeliefert. Dafür waren sie mir allesamt zu schade!

*Ellie verschwindet in den Tiefen des Lüerwaldes …*

**WILDSCHWEINPOPULATIONEN IM AUFWÄRTSTREND**
Es gibt zahlreiche Faktoren, die für die steigenden Wildschweinbestände entscheidend sind und den Aufwärtstrend dieser anpassungsfähigen Wildart zusätzlich positiv beeinflussen. So zum Beispiel die auffälligen Klimaveränderungen mit milden Wintern, kurzen Frostperioden und wenig Schnee sowie die zunehmenden Baummasten. Die veränderte Landschaft und Landnutzung mit zusätzlicher Nahrung, die mehr als wildschweinzuträgliche Agrarwirtschaft und das Fehlen von natürlichen Feinden spielen ebenfalls wesentliche Rollen dabei.

## RÜCKKEHR IN DAS HEIMATLICHE REVIER

Es war wirklich ungewohnt. Ein leeres Auswilderungsgatter. Nur einige emsige Buchfinken und aufdringliche Ringeltauben hielten mir die Treue und das auch nur weil sie nach Maisresten suchten. Ab und an konnte ich ein vorwitziges Eichhörnchen beobachten und Lilli, meine Hündin, entdeckte zahlreiche Mäuse. Ansonsten herrschte gähnende Leere. Meine Schubkarre hatte Pause. Für ein bisschen „Mais streuen“ reichte ein kleiner Eimer.

In den ersten drei Tagen nach dem Öffnen der Tore traf ich meine Schweine nicht an. Den Fährten nach zu schließen, die in das Gatter und wieder hinaus führten, waren sie jedoch bereits zu Besuch gewesen. Das beruhigte mich ein wenig. Es zog sie also doch wieder nach Hause. Am vierten Tag kam mir Gasti entgegen. Ohne Scheu und ohne Zögern lief sie mir mit ihren Frischlingen entgegen. Automatisch zählte ich den Nachwuchs schnell durch und stellte dabei fest, dass einer der Kleinen fehlte. War er abhandengekommen? Oder war er vielleicht bei den anderen? Doch dies war leider nicht der Fall, wie ich kurz darauf feststellte. Ellie tanzte an, gut gelaunt, gefolgt von ihren Frischlingen. Sie waren glücklicherweise vollzählig.

Der einige Wochen alte Nachwuchs von Gasti hatte in der fremden Umgebung vermutlich den Anschluss an seine Mutter verloren. Vielleicht war er beim Überqueren eines Grabens nicht schnell genug gewesen. Es konnte natürlich auch sein, dass er sich verletzt hatte und dadurch leichte Beute für einen Fuchs oder sogar für ein jagendes Uhuweibchen geworden war. Er blieb verschwunden.

Kurz darauf polterte Tanti durch die Dickung, lautstark wie immer. Natürlich mit den beiden jungen Bachen im Gefolge. Ihrer persönlichen Leibgarde. Tanti ließ gar nicht von mir ab. Nach einer innigen Begrüßung knallte sie sich zu meinen Füßen nieder und wartete auf die Körperpflege. Sie war sichtlich erschöpft. Das Erkunden eines neuen Reviers, die Begegnungen mit anderen Rotten, die andauernde Suche nach Nahrung, die nun nicht mehr serviert wurde, und nicht zuletzt ihre verantwortungsvollen Aufgaben als Leitbache hatten sie beansprucht. Sie wies etliche, wenn auch nur oberflächliche Blessuren an der Schulter auf. Vermutlich hatte sie sich mit einer anderen Rottenchefin angelegt. Diese „Kampfspuren“ sollten übrigens die ersten und letzten sein, die Tanti davontrug. Scheinbar war sie tatsächlich in der Lage, sich gegen fremde Rotten durchzusetzen. Wehrhaft und selbstbewusst genug und gut im Training. Wir hatten ja auch intensiv geübt!

In den folgenden Wochen und Monaten blieben meine Schweine und ich in Kontakt. Oftmals sah ich nur einen Teil der Tiere und hegte bereits die Befürchtung, dass sich die Rotte aufgespalten hatte. Doch dann tauchten sie wieder in einem Pulk auf und mir fiel ein Stein vom Herzen. Sie waren nach wie vor zusammen.

**TERRITORIALVERHALTEN BEI WILDSCHWEINEN**

Wildschweine gelten – vorausgesetzt das Nahrungsangebot passt – als recht tolerant und sind nicht unbedingt sehr territorial. Wenn die Populationsdichte es erfordert, beschränkt sich ihr Territorialverhalten auf ihre Einstände. Das restliche Gebiet kann mehr oder weniger gemeinsam genutzt werden, wenn von allen Rotten eine gewisse Distanz zueinander gewahrt wird. Sogar Keiler gelten hierbei als sehr friedlich und großzügig und stellen nur einen bescheidenen Raumanspruch.

## WECHSELNDE ROTTENSTRUKTUREN

Im Laufe der folgenden Jahre machte ich die Feststellung, dass Wildschweine in ihrem angestammten Revier nicht immer als große, geschlossene Rotte umherziehen. In diesem vertrauten und sicheren Streifgebiet ist es üblich, dass sich der Verband immer mal aufsplittet und in kleinen Minirotten unterwegs ist. Der Kontakt und die enge Bindung zwischen den Rottenmitgliedern bleiben jedoch nach wie vor bestehen. Dessen bin ich mir sehr sicher.

Zu Zeiten, in denen der wehrhafte Zusammenhalt eines Familienverbandes und eine souveräne Führung durch eine Leitbache wieder in den Vordergrund rücken, schließen sich die Tiere erneut zu der großen ursprünglichen Gesamtrotte zusammen. Ich kann mir auch vorstellen, dass das Auftauchen natürlicher Feinde, wie des Wolfs, Wildschweine ebenfalls dazu bringt, sich wehrhaft, kopfstark und mit zahlreichen Mitgliedern zu formieren. In diesem Zusammenhang halte ich es für durchaus möglich, dass sich dann mehrere stärkere Bachen zusammenfinden und sich vielleicht sogar Keiler den Rotten anschließen.

Meine Rotte war übrigens eine außergewöhnlich kopfstarke Truppe. Später sollte sie sich zwar tatsächlich aufteilen, doch sogar der verbleibende Grundkern umfasste meist vier bis fünf alte Bachen mit ihren jeweiligen Frischlingen und Überläuferbachen.

**NEUE (ALTE) FEINDE**

Wo der Wolf in nennenswerter Dichte vorkommt, gilt er als Hauptfeind des Wildschweins. Vor allem etwas ältere Frischlinge mit Gewichten zwischen 13 und 23 kg werden von Wölfen in einer Hetzjagd erbeutet. Größere Wildschweine mit über 40 kg, gesunde und wehrhafte Keiler und starke Bachen, werden selten angegriffen. Ein gravierender und damit dezimierender Einfluss des Wolfes auf eine Wildschweinpopulation ist jedoch bislang auszuschließen. So kann man beispielsweise in etlichen Gebieten trotz erfolgreich jagendem Wolfsrudel weiterhin ansteigende Wildschweinbestände feststellen.

*Meine wilde Wildschweinrotte mitten im Revier. So soll es sein!*

Auch Heinz Meynhardt konnte feststellen, dass die von ihm betreuten Wildschweine als Großrotte zusammenblieben und sich kaum trennten. Der Grund für dieses Phänomen ist schnell erklärt: Etliche bereits erwähnte Faktoren können zur Aufsplittung eines Verbandes führen. Vor allem aber wird ein Mangel an Nahrung und eine mühsame Suche nach Futter eine Rotte mehr und mehr auseinanderziehen und letztendlich teilen. Was ja auch sinnvoll erscheint. Eine große Rotte mit zahlreichen Mitgliedern würde sich nur gegenseitig unnötig Nahrungskonkurrenz machen. Kleine Familienverbände mit nur fünf bis zehn Wildschweinen wären hingegen in einer solchen Lage weitaus erfolgreicher. Umgekehrt besteht für eine harmonische und gesunde große Rotte – bei einem guten und üppigen Futterangebot – kein Grund, sich in kleinere Verbände aufzuteilen. Zahlreiche Wissenschaftler sehen darin einen Hinweis oder sogar einen Beweis für die zusammenhaltende Kraft und den erstaunlichen Einfluss regelmäßiger Fütterung.

# BEOBACHTUNGEN IM WILDSCHWEINALLTAG

Über fünf Jahre lang hatte ich fast täglich die Möglichkeit, meine große Wildschweinrotte zu beobachten. Ich fuhr während dieser Zeit nicht in den Urlaub und außer mir hat niemand die Tiere gefüttert. Nachdem meine Schweine in das große Revier des Wildwaldes entlassen wurden, blieben die Klappen und Tore offen, um ihnen ein regelmäßiges Einwechseln zu ermöglichen. Dadurch konnte der intensive Kontakt zwischen Ellie, Tanti und mir weiterhin bestehen bleiben.

Auch wenn wir uns über zwei Wochen nicht gesehen hatten und ich die Wildschweine bei meinen unregelmäßigen Kontrollgängen in und um das Gatter mal verpasst hatte (oder sie mich), haben sie mich jedes Mal erkannt und begrüßt, als hätten wir eben erst „geplaudert". Dem Umstand, dass meine Rotte mich tatsächlich als Mitglied sah und akzeptierte, habe ich es zu verdanken, dass ich sie in Natura beobachten konnte – unverfälscht und echt. Wildschweine pur zu erleben, war für mich von Beginn an faszinierend. Ihr Verhalten war bisweilen kurios, unglaublich und absolut nicht einschätzbar und, wie ich meine, noch lange nicht von uns Menschen durchschaut. Durch die Größe und die Zusammensetzung meiner Rotte waren alle Altersgruppen vertreten. Dies ermöglichte mir einen wunderbar vielfältigen Einblick in die Beziehungen und Verhaltensweisen der einzelnen Tiere untereinander.

## ERKENNEN VON ROTTENMITGLIEDERN UND ZWEIBEINIGEN MÜTTERN

Schweine besitzen ein außerordentliches Gedächtnis. Gute, aber auch negative Erfahrungen merken sie sich, sie werden abgespeichert. Ich vermute, dass pfleglich handaufgezogene Schweine sich sehr lange an ihre jeweilige Bezugsperson erinnern können und diese nach Jahren wiedererkennen würden. Ich habe oftmals erlebt, dass meine Rotte – weit weg, irgendwo in der Dickung – auf eine Bewegung von mir hin erst einmal stutze und verharrte. Meist knackte und stolperte ich ja, wie Menschen es eben nicht besser können, durch den Wald. Hörten sie jedoch meine Stimme, gab es eine kurze Entwarnung, woraufhin sich die Tiere sichtlich entspannten. Zielstrebig, mit einem tiefen Begrüßungslaut zogen meine Schweinemädchen dann zu mir. Den Rest der Rotte im Schlepptau.

**DAS NASE-AN-NASE-RITUAL**
Ausgewachsene Wildschweine, die sich begegnen, sind darum bemüht, einen Nasenkontakt herzustellen. Nach Heinz Meynhardt gilt dieser Kontakt als primäre Kommunikation zwischen adulten Tieren.

Der zweite Schritt des endgültigen Erkennens war dann der geruchliche Check, den vor allem Tanti und kurz hinter ihr Ellie durchführten. Mit leicht geöffnetem Gebrech, ein bisschen sabbernd und mit tiefen Lautäußerungen wurde ich im Gesicht, an der Stirn und an der Nase abgeschnüffelt. „Sie ist es! Alles ist gut!"

Es war ein großartiges Gefühl, auf einer kleinen Kuppe mitten im Wald zu stehen, seine Wildschweinfamilie zu rufen und sie alle erwartungsvoll, im flotten Trab auf einen zukommen zu sehen: die großen Dicken, die kleineren Schlaksigen und die quirligen Gestreiften.

*Ein überaus freundliches Empfangskomitee kämpft sich durch die Dickung.*

## ALLE(S) ZUSAMMEN

Auffällig an einer Wildschweinrotte ist das gemeinsame Verhalten. Nahezu alles wurde zusammen gemacht. Bereits bei einem kleinen Pulk an Frischlingen fiel dies auf. Fing einer damit an, im feuchten Schlamm zu wühlen, machten die anderen es ihm bald nach. Begann einer der Geschwister, sich an einem Bäumchen zu schubbern, so hatte er binnen weniger Minuten etliche Nachahmer, und schmiegte sich einer der müden Frischlinge an einen sonnigen Baumstamm, um zu dösen, wurde in kurzer Zeit ein richtiges Frischlingsknäuel daraus.

Doch auch bei dem Rest der Rotte zeigte sich dieses „Synchronverhalten", wie ich es einmal nenne. Es wurde immer gemeinsam gefressen. Sollte sich eines der Tiere davon ausschließen, so war eindeutig etwas im Argen. Bei der täglichen Fütterung im Auswilderungsgatter konnte ich das gemeinsame Fressverhalten noch nicht ganz so deutlich sehen. Dafür war der Platz zu eingeschränkt. Richtig offensichtlich wurde es, als die Klappen offen standen. Gemeinsam zog die Rotte auf eine vergraste Fläche, um dort zwischen den Bülten zu wühlen, danach wurde am Rand eines Waldwegs Gras gefressen und anschließend im Altholz die alten Stucken umgedreht, um vermutlich nach Würmern und Engerlingen zu suchen. Es war erstaunlich. Es war also keineswegs der Fall, dass einige Tiere am Forstweg im Boden wühlten und andere Gras fraßen. Nein, es wurde gemeinsam nur Gras gefressen.

Ebenfalls auffällig war das allgemeine Ruhen. Schob sich eines der Tiere im Sommer unter das schattige Blätterdach einer Dickung, dauerte es nicht lange und die komplette Rotte fand sich dort ein.

Derartige Mitmachaktionen läutete nicht nur Tanti als Chefin ein. Die anderen konnten auch von einem Überläufer oder sogar von einem Frischling animiert werden. Sogar ich konnte die Wildschweine zum Hinlegen bewegen. Nicht nur einmal, sondern etliche Male legte ich mich im Sommer auf den trockenen Waldboden oder unter eine der dicken Eichen in den kühlen Schatten. Es dauerte nicht lange und ich hatte Tanti neben mir und damit auch so nach und nach den Rest der Rotte. Das anschließende Aufstehen musste allerdings immer wieder hinausgezögert werden, weil das doch recht korpulente Schweinemädchen ihren dicken Kopf meist platt auf meine Füße und Unterschenkel legte – und damit war ich zur Bewegungslosigkeit verdammt.

*Man gönnt sich ja sonst nichts: Ellie genießt die erste Frühlingssonne, im Hintergrund das gestreifte „Jungvolk“.*

## RAFFINIERTE RUHE- UND SCHLAFPLÄTZE

Schlafplätze suchen sich Wildschweine sehr intelligent je nach Witterungslage aus. Kühle, nasse Tage mit Dauerregen verbringen sie am liebsten in dichten Jungbeständen, häufig in der Nähe tief herabreichender Äste, die vor dem Regen schützen. Meine große Rotte fand sich an solchen Tagen bevorzugt in einer buschigen Rotbuchendickung ein, die am Rand zudem von Brombeeren überwuchert war. Hier lagen sie dann dicht an dicht und rührten sich kaum.

Bei Hitze wurde nichts großartig gebaut oder konstruiert. An solchen „müden“ Tagen wurden irgendwelche schattigen Plätze aufgesucht, über die wenigstens ab und an ein kühler Wind strich. Bei Hitze verzichteten meine Schweine auf das dichte Zusammenliegen. Man blieb in Sichtweite, aber jeder für sich, und schob sogar das Laub auseinander, um sich dann auf den blanken Waldboden zu legen. Die Nase wurde platt auf den Boden gedrückt. Nur nicht unnötig bewegen.

Gerade im Frühsommer, wenn zahlreiche Stechmücken die Tiere umschwirren und zudem viele Körperpartien durch den Haarwechsel frei liegen oder nur dünn behaart sind, entwickeln Wildschweine raffinierte Strategien: Sie tragen beispielsweise große Haufen an Gras und Binsen zusammen und schieben sich einfach darunter. So sind sie vor den Plagegeistern geschützt – ein Moskitonetz der besonderen Art!

Im Winter dagegen fand ich die Wildschweine meist in einer engen Fichten-Buchen-Dickung, in der sie sich richtig tiefe Kessel gebaut und diese mit allerlei Ast- und Zweigmaterial, Blättern sowie trockenem Reitgras ausgepolstert hatten. Gezielt werden in der kalten Jahreszeit auch sonnige Hänge aufgesucht oder eben Lagen, die nicht kalten West- und Nordwestwinden ausgesetzt sind. Einzelne Keiler sollen im Winter gerne in weichen, trockenen und warmen Nestern der Roten Waldameise ruhen. Vermutlich sehr zum Verdruss der Ameisen. Selbst beobachtet habe ich dieses Verhalten allerdings nicht.

## GANZ SCHÖN SAUBER: SCHLAMMBÄDER UND GEMEINSCHAFTS-WCS

Das Suhlen war ebenfalls eine einträgliche Gemeinschaftsveranstaltung. Begannen zwei oder drei Rottenmitglieder damit, es sich im Schlamm gemütlich zu machen, folgte bald darauf der Rest der Truppe.

Verhaltensforscher haben festgestellt, dass eine attraktive Wildschweinsuhle Schlamm oder Lehm enthalten muss. Um sie auch ungestört und geräuschvoll nutzen zu können, wird dafür meist eine abgelegene geschützte Lage ausgesucht.

Ich konnte oftmals beobachten, wie die Suhle vorbereitet und „gepflegt" wurde: Am Rande wurde zunächst gewühlt, um dann ganz gezielt eine Vertiefung im Schlamm auszuheben. Die Schweine glitten meist in Bauchlage in dieses Schlammbad und legten sich anschließend auf die Seite. Vor allem der Kopf wurde gründlich im Matsch hin- und herbewegt. Nach einem kurzen Liegenbleiben standen die meisten recht bald wieder auf, schüttelten sich und marschierten zielstrebig zu einer Wurzel oder einem Stamm, um sich daran zu reiben.

Bei jüngeren Wildschweinen, Frischlingen oder auch Überläufern stellte ich allerdings fest, dass sie etwas vorsichtiger und zaghafter in ihr Schlammbad gingen. Sie wühlten ausgiebig in dem feuchten Matsch, setzten sich jedoch meist nur mit dem Allerwertesten in den Schlamm. Junge, nur wenige Wochen alte Frischlinge nutzten die Suhlen nicht. Ich vermute, dass die jüngeren Tiere das richtige Suhlen – wie vieles andere auch – erst einmal durch das Nachahmen der erwachsenen Rottenmitglieder und dann durch Übung lernen müssen. Vielleicht fühlen sich die jungen Wildschweine aber auch noch nicht sicher genug – ist das Suhlen doch eine Verhaltensweise, welche die Tiere für einen bestimmten Moment recht fluchtunfähig macht. Ganz kleine Frischlinge, die ja kälteempfindlich sind und ihre Körpertemperatur noch nicht selbstständig regulieren können, meiden die Suhlen vermutlich instinktiv.

*Zwei Überläuferchen zusammen im „Sitzschlammbad".*

Auch Fahrrinnen oder wasserführende Gräben werden von Wildschweinen gelegentlich als Suhle genutzt. Ebenso die wassergefüllten Löcher im Waldboden, die vom Sturm entwurzelte Bäume hinterlassen, scheinen sich hervorragend dafür zu eignen.

Im Laufe der Jahre konnte ich beobachten, dass auch an kühlen Herbsttagen und sogar im Januar und Februar die schlammigen Kuhlen regelmäßig genutzt wurden. Für unser menschliches Empfinden kaum nachvollziehbar. Da es gerade im Winter nicht unbedingt zum Loswerden lästiger Insekten oder zur Abkühlung sein kann, liegt der Schluss nahe, dass diese Schlammbäder tatsächlich der allgemeinen Körperpflege dienen und ganz einfach aus Wohlbehagen durchgeführt werden. Sie tun einfach gut!

Wirklich gestaunt habe ich, als ich entdeckte, dass die Rotte sogar gemeinsam zur „Toilette" ging. Bereits bei meinen drei Frischlingen hatte ich ja beobachtet, dass ein separater Ort als Klo genutzt wurde und dieses Verhalten auf die anderen wohl anregend wirkte: Hockte sich die kleine propere Tanti (damals unter dem Namen Trudi bekannt) ins Eck, dauerte es nicht lange und die beiden anderen schlossen sich ihr an.

**KOTPLATZ MIT WICHTIGER FUNKTION**

Laut Heinz Meynhardt haben die Kotplätze die wichtige Funktion, das Revier der Rotte zu markieren. Es soll anderen Familienverbänden zeigen, dass dieser Einstand bereits besetzt ist. Fremde Rotten, die darauf stoßen, akzeptieren diese Grenze.

Dass eine komplette Rotte gemeinsam einen Kotplatz auswählt und diesen dann gemeinsam nutzt, war schon mehr als kurios. Im Auswilderungsgatter konnte ich drei solcher Toiletten feststellen. Wechselten die Tiere über diese Plätze, so hockten sich nach und nach alle Schweine hin – ob Frischling oder große Bache – und verrichteten ihr Geschäft. Es war unglaublich, wie schnell die kleinen Frischlinge ebenfalls diesem Reiz unterlagen und es den älteren Tieren nachmachten.

## MÜCKEN, ZECKEN UND ANDERE LÄSTIGE PLAGEGEISTER

Die Rottenmitglieder jeden Alters litten vor allem im Sommer unter den kleinen, lästigen Kriebelmücken. Die Körperteile, die nicht mit dichten schützenden Borsten bewachsen waren, wie etwa die Innenseiten der Ohren, die Augenwinkel, der Bauch und die Schenkel, wurden bevorzugt von den Stechinsekten aufgesucht. Dies waren dann die Stellen, die besonders juckten und die mir bei der Körperpflege richtig entgegengereckt wurden. Um den Stechinsekten aus dem Weg zu gehen, verändern Wildschweine scheinbar ihren Tagesrhythmus.

*Der Kotplatz wird immer gemeinsam genutzt.*

Ich habe festgestellt, dass sie während sonniger und schwüler Witterung, wenn die Insekten besonders aktiv sind, eher zur Nachtaktivität umschwenkten. Bei derartigem Wetter lagen sie in ihren kühlen Suhlen oder in schattigen, möglichst windigen Tageseinständen. Erstaunlich fand ich es, dass meine Wildschweine – obwohl sie durch Dickungen, Wiesen, durch hohes Gras und Farnkraut zogen – wenig Zecken hatten. Manchmal fand ich an Stellen, an welchen die Haut scheinbar weicher war, einige festgesaugte Tiere, aber meist suchte ich umsonst. Ob dies mit der schützenden dicken Schlammschicht zu tun hat, mit der sich die Wildschweine im Sommer regelmäßig „einschmieren", mit ihrer Hautbeschaffenheit oder mit der Tatsache, dass sich die Rottenmitglieder regelmäßig gegenseitig absuchen, kann ich nicht eindeutig sagen. Wahrscheinlich ist es eine erfolgreiche Kombination dieser Komponenten. Läuse konnte ich in all den Jahren bei meiner Rotte gar nicht feststellen.

## MIT ALLEN SINNEN UNTERWEGS

Das Sehvermögen von Wildschweinen wird als eher gering eingestuft. Schaut man einem Wildschwein „tief in die Augen", so fällt auf, dass sie recht tief gelagerte Augen besitzen und die Augenlider nicht fein und zart, sondern eher derb und dickhäutig sind. Beide Faktoren helfen dabei, die empfindlichen Sehorgane vor Verletzungen zu schützen. Obwohl die Augen seitlich am Schädel sitzen, kann der Wildschweinblick auch nach vorne gerichtet werden. Wildschweine sind außerdem in der Lage, gewisse Farben bzw. Farbnuancen zu erkennen bzw. zu unterscheiden.

Rot scheint für die Tiere besonders sichtbar zu sein – auf diese Farbe reagieren sie ausgesprochen auffällig. Ich konnte dies tagtäglich anhand meiner Schubkarre und der Schaufel beobachten. Wie es der Zufall so wollte, waren sowohl die Karren-Handgriffe als auch meine Schaufel aus rotem Kunststoff bzw. Metall. Beide Dinge wurden stets sehr neugierig und zielstrebig von allen Rottenmitgliedern beschnüffelt und untersucht. Vor allem Tanti fand großen Gefallen daran, sowohl der Schaufel als auch der Karre eine tägliche Untersuchung zukommen zu lassen. Nun mag man schlussfolgern, dass dieses offensichtliche Interesse daran mit dem Futter zusammenhing, das die Tiere mit diesen beiden Sachen verknüpften. Wieder einmal benutzte ich meine Schweine als Versuchskaninchen: Als ich an einem Tag anstatt der Schaufel einen Spaten ohne jegliche Farblackierung verwendete, unterblieb eine Reaktion der Wildschweine. Sie beachteten das Werkzeug überhaupt nicht. Einen ähnlichen Versuch startete ich einige Tage später mit den Handgriffen der Schubkarre, die ich mit Tape umwickelte. Auch ihnen schenkten sie keinerlei Aufmerksamkeit. Anders jedoch am folgenden Tag, als die Schubkarre wieder mit roten Griffen leuchtete.

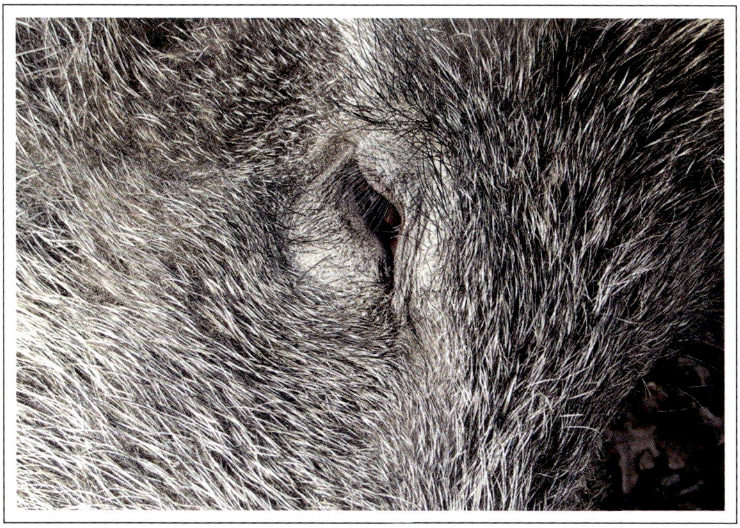

*Blick auf ein Wildschweinauge. Genauer gesagt auf das der Rottenchefin.*

*Tanti und ihr Gefolge mit Forschungsauftrag: Die Farbe Rot ist immer interessant …*

**FARBSEHEN BEI SCHWEINEN**

Laut wissenschaftlicher Studien können Schweine gut zwischen Blau, Grün, Gelb und Rot unterscheiden – zumindest sind sie in der Lage, zwischen gedeckten und intensiven Farben zu differenzieren. Vielleicht, so die Vermutung von Heinz Meynhardt, liegen die entspannten Reaktionen jedoch auch daran, dass „dezente" Farbtöne nicht ihr Misstrauen wecken.

Um ihr schlechtes Sehen auszugleichen, besitzen Wildschweine ein ausgezeichnetes Witterungsvermögen. Bereits meine Frischlinge hatten mich bei ihrer allerersten Insektensuchaktion beeindruckt. Kleine, ganz alltägliche Situationen gaben mir immer wieder einen Hinweis auf ihr außerordentliches Riechtalent. Beispielsweise Ellie, die es sofort roch, wenn ich außerhalb des Zauns noch einige Fleischbrocken in einem Eimer zurückgestellt hatte – mit fest geschlossenem Deckel! Vermutlich ein Kinderspiel für ihre Riechzellen. Oder Tanti, die ganz sicher und ohne zu zögern die leckeren Eintagsküken unter der Schneedecke herausfischte, und Knatterton, der stets irgendwelche Tausendfüßler oder Insektenpuppen im morschen Holz fand.

Der Geruchssinn hat jedoch auch eine überaus wichtige Funktion in der innerartlichen Kommunikation. Wie bereits beschrieben dient der Geruch unter anderem dazu, dass sich Bache und Frischlinge erkennen und wiederfinden. Bereits ein kleiner Frischling verfügt über einen außerordentlichen Geruchssinn, mit dessen Hilfe er die Spur seiner Mutter aufnehmen kann. Ich konnte bei meiner Rotte oft miterleben, dass nach Bildung der großen Kindergärten mit mehr als 15 Frischlingen immer wieder eine der Bachen sich mit tief auf den Boden gehaltener Nase auf die Suche nach „verbummelten" Frischlingen machte, um sie zurückzuholen. An einem Tag zum Beispiel beobachtete ich, wie ein großer Pulk Frischlinge beherzt, aber etwas verwirrt einem großen Keiler hinterherlief. Vielleicht hatte er ausgeprägte mütterliche Rundungen, denen sie begeistert folgten? Glücklicherweise bemerkte meine sportliche Ellie diesen Irrtum und setzte der Meute wie ein passionierter Spürhund hinterher. Sie brachte den Nachwuchs nach kurzer Zeit vollzählig und wohlbehalten zurück in die Rotte.

*Eine Wildschweinnase, auch Wurfscheibe oder Wurf genannt, mit den feinen und wichtigen Tasthaaren.*

**GERUCHSSINN DER EXTRAKLASSE**
Der hervorragende Geruchssinn in Kombination mit feinen Tasthaaren am Wurf ermöglicht einem Wildschwein nicht nur eine äußerst erfolgreiche Nahrungssuche auf dem Boden und im Boden, der Geruchsinn ist auch ein zuverlässiges Instrument bei der Witterung von Gefahren und wird demnach geschickt zur Feindvermeidung genutzt. Hier wiederum besitzen Wildschweine das Vermögen, ernst zu nehmende, gefährliche Duftinformationen von belanglosen, irrelevanten zu unterscheiden. Man hat festgestellt, dass beim Wildschwein die Riechzellengröße und die Rezeptorendichte diejenigen des Hundes übersteigen.

Auch das Gehör ist bei Wildschweinen gut ausgeprägt. Dies, zusammen mit dem bereits genannten Geruchssinn, lässt die Tiere für das Erkennen von Gefahr gut ausgerüstet sein. In freier Wildbahn kann man erleben, dass jedes Mitglied – auch ein kleiner Frischling – die „Erlaubnis" hat, bei vermeintlicher Gefahr für die Rotte, einen Warnlaut von sich zu geben. Meist ist dies ein kurzes Schnauben oder Pusten und alle reagieren.

Mir ist aufgefallen, dass Wildschweine nach diesem Warnlaut kurz verharren, regungslos stehen bleiben, um erst dann in der nächstgelegenen Dickung Schutz zu suchen. Dort wird nochmals gesichert und abgeklärt, ob nun tatsächlich Flucht angesagt ist oder ob man entspannt wieder herauskommen kann. Dieses Sichern gehört zu den wichtigen Aufgaben einer Leitbache.

*Ellie als Spürhund. Sie bringt erfolgreich den verlorenen Nachwuchs zurück.*

## LAUTLOS UND AUCH ELEGANT – MIT 90 KG KAMPFGEWICHT

Worüber ich immer wieder gestaunt habe, ist, wie leise sich eine vielköpfige Rotte oder aber auch ein einzelnes Tier bewegen kann. So manches Mal bin ich im offenen Auswilderungsgatter gesessen und habe auf meine Bande gewartet. Und so manches Mal habe ich überrascht aufgeblickt, als die ersten dann plötzlich vor oder hinter mir standen. Ich hatte sie einfach nicht kommen gehört! Kein Knacken, kein Rascheln und kein Schnauben. Wildschweine können bei all ihrer Masse, ihrer vermeintlichen Plumpheit tatsächlich ohne ein Geräusch zu verursachen durch einen Bestand ziehen. Auf Zehenspitzen? Ich kann nicht sagen, wie sie dies bewerkstelligen.

## SCHRITT, TRAB UND GALOPP

Wildschweine ziehen meist (wenn man dafür die doch recht bekannte Sprache der „Pferdemenschen“ benutzt) im Schritt, im sogenannten Kreuzgang. Da ein Wildschwein recht gedrungen und kurzbeinig ist, zeigt auch schon dies (eigentlich normale) Gehen eine schnelle Schrittfolge. Die nächstschnellere Gangart, die man bei dieser Wildart häufig beobachten kann, wenn sie längere Strecken zurücklegt oder wenn zum Beispiel ein einzelnes Tier zur Rotte aufschließt, ist ein flotter Trab, der sogenannte Troll. Ähnlich ausdauernd wie ein Islandpony im Tölt, können Wildschweine diese Gangart sehr lange beibehalten, ohne müde zu werden. Agile und gesunde Frischlinge wählen diese Fortbewegungsart eigentlich hauptsächlich, man sieht sie kaum im Schritt. Sie wirken immer

*Frischlinge im sportlichen Galopp. Kurzer Übermut oder Alarm?*

*Beeindruckender Auftritt (und Angriff) der Leitbache. Der aufgestellte Pürzel spricht für sich.*

„very busy“. Nur wenn Alarm geblasen wird, fallen Wildschweine in die dritte Gangart, den Galopp. Und das äußerst ungern, vermutlich wegen ihrer wenig sportlichen Figur, und daher nur möglichst kurz. Kurzstreckengalopper eben!

## DER PÜRZEL ALS STIMMUNGSBAROMETER

Beobachtet man Wildschweine über einen langen Zeitraum hinweg, vermag man ihre Körpersprache wenigstens in den groben Grundzügen zu deuten.

Was bei einem Uhu die Federohren sind, ist bei einem Wildschwein der Pürzel. Er sagt einiges über die gegenwärtige Stimmung eines Tieres aus. Fast ist es ein wenig wie die Rute bei einem Hund. Sorglos, unbekümmert, alles in bester Ordnung? Dann wird mit dem Pürzel hin- und hergewedelt. Auch zur Begrüßung sah ich mich stets einem wedelnden Hinterteil gegenüber. Ich habe mich jedes Mal darüber gefreut. Im Sommer wurde der Pürzel auch zum Verjagen von lästigen Insekten genutzt und war dabei in dauernder Bewegung. Im hurtigen Troll wurde er aerodynamisch waagrecht nach hinten gestreckt. Pürzel hochgestellt hieß dagegen: Aufmerksamkeit, Achtsamkeit und Angriff. Doch auch das Haarkleid eines Wildschweins unterstreicht verschiedene Verhaltensweisen und kommuniziert mit. Das Aufstellen der Borsten am Nacken kann man beispielsweise regelmäßig bei Auseinandersetzungen zwischen einzelnen Tieren beobachten.

## DIE INNERE UHR

Wildschweine – und ich meine, Schweine auch allgemein – besitzen ein gut funktionierendes Zeitempfinden. Zwar hatte ich mich später bei meiner Rotte stets bemüht, zu immer unterschiedlichen Zeiten das Futter auszufahren, um eine quiekende, lautstark bettelnde Schweinemeute zu vermeiden. Als das Gatter schließlich offen war, hatte ich gerade während des Sommers und der nahrungsreichen Herbstmonate an einigen Tagen in der Woche gänzlich auf die Fütterungen verzichtet. Trotzdem ließ es sich in den ersten Jahren im Auswilderungsgatter nicht vollkommen verhindern, dass sich die Rotte auf eine bestimmte Uhrzeit einstellte. Und dies taten sie mit einer Beharrlichkeit und einer Genauigkeit eines Schweizer Uhrwerks. Pünktlich um 17 Uhr versammelte man sich. Als das Gatter dann offen war, habe ich mich einige Male heimlich mit dem Fernglas dort positioniert. Man wartete und wartete und war zutiefst empört.

## BELIEBTE WEGE UND LIEBLINGSPLÄTZE

In alter Literatur und sogar in Unterrichtsmaterial für die Jägerprüfung wird oftmals noch beschrieben, dass Schwarzwild äußerst unstet sei und keinerlei Reviertreue zeige. Ebenfalls nutze es nicht regelmäßig dieselben Wege (man sagt auch Wechsel dazu).

Dank Heinz Meynhardt und anderen fähigen Verhaltensforschern sind diese Thesen mittlerweile ad acta gelegt worden. Man hat sogar herausgefunden, dass Wildschweine über Generationen hinweg, trotz Abholzungen und nachhaltiger Veränderungen der Landschaft, ein und denselben Wechsel nutzen. Dabei gibt es besonders vielbegangene, ausgetretene und häufig benutzte Wege und dann die eher selten benötigten „Nebenstraßen“. Später, als meine Rotte draußen war, konnte ich ganz deutlich diese Unterschiede erkennen. Wie ein Trapper folgte ich den Fährten meiner Schweine und konnte sie schnell unterscheiden: die ausgetretenen, tieferen Hauptwechsel und die schmaleren, nicht so häufig genutzten alternativen Wechsel. Und die Rotte wechselte beharrlich ihre Wechsel. So war es kaum vorhersehbar, wann sie wie und wohin zogen. Eine intelligente Wildart eben.

Die angeblich fehlende Reviertreue von Wildschweinen sollte in den Lehrbüchern getrost eingemottet bzw. korrigiert werden. Ich habe festgestellt, dass Wildschweine besonders beliebte Dickungen und bevorzugte Einstände besitzen, die zuverlässig und mit treuer Regelmäßigkeit aufgesucht werden. Harmoniert die Rottenstärke mit den vorhandenen Nahrungsbedingungen und findet die Rotte ausreichend Ruhe und nicht zuletzt Rückzugsgebiete, so wird sie ihrem angestammten Revier treu bleiben. Warum sollte es anders sein? Warum unnötig Energie verschwenden, um einen neuen Lebensraum zu suchen? Umherziehen, wenn doch alles perfekt ist? Ein solches Verhalten würde zu einer derart pfiffigen Tierart gar nicht passen.

## WILDSCHWEINGESPRÄCHE

Über die vielseitigen Lautäußerungen einer Wildschweinrotte könnte man eine ausführliche Abhandlung schreiben. Einiges ist in diesem Buch bereits erwähnt worden. Beobachtet man ganz bewusst Wildschweine, auch nur über eine kurze Zeit hinweg, so ist man erstaunt über die Vielfalt in ihrer internen Kommunikation. Es ist sehr auffällig, dass eine Rotte stets stimmlichen Kontakt zueinander hält: In leisen, tiefen Grunztönen bleibt man zusammen, bestätigt sozusagen, dass alle noch da sind. Sehr innig und intensiv ist der stimmliche Kontakt zwischen einer Bache und ihren sehr jungen Frischlingen, die zum Beispiel die ersten kurzen Ausflüge machen. Später, mit zunehmendem Alter des Nachwuchses, ist die Kommunikation nicht mehr ganz so ausdauernd.

Allerdings habe ich bemerkt, dass beim Wühlen einer Wildschweinrotte am Wegesrand oder auf einem Wildacker die adulten Tiere recht ruhig sind und sich kaum untereinander stimmlich verständigen oder Kontaktlaute austauschen. Vielleicht benötigen sie als erwachsene Tiere die akustische Bestätigung der anderen nicht mehr so dringend wie jüngere, unsichere Rottenmitglieder? Vielleicht dient das „Schweigen“ auch dazu, mögliche Feinde nicht auf die Rotte aufmerksam zu machen.

Beim Fressen gilt die Rangordnung! Die Ranghöchsten zuallererst und am allermeisten! Und besonders hier bekommt man dann einen schönen (und bisweilen lauten) Einblick in das weitere Wildschwein-Stimmrepertoire. Mit schrillem, gewaltigem Geschrei, einem Kampflaut, wird ein rangniedrigeres Tier vom Futter verjagt. Der darauf folgende Abwehrlaut ist nicht minder schrill. Es hört sich furchterregend an, man sieht vor seinem geistigen Auge fast schon das Blut fließen, doch schaut man genau hin, ist es viel Lärm um nichts. Die Tiere haben bei diesen Auseinandersetzungen kaum Körperkontakt. Alleine schon mit lautem Geschrei und weit aufgerissenem Gebrech schüchtert man die Rangniedrigen ein. Wenn sie sich denn einschüchtern lassen ... Oftmals reagiert das so verjagte Tier mit einem heiseren, bellenden Laut. Es läuft einige Meter weit weg, um dann wieder in aller Ruhe zu fressen. Diesen Laut hört man übrigens auch, wenn eine Rotte ihre „lustigen fünf Minuten“ hat. Meist ausgelöst durch übermütige Frischlinge, die vor lauter Energie und Lebensfreude Wettrennen quer durch die Dickungen veranstalten. Bei diesem Spiel wird der unverwechselbare, bellende Laut ebenfalls ausgestoßen.

*Auseinandersetzung unter Wildschweinen: Ellie wehrt einen ziemlich lästigen jungen Keiler ab.*

Ich habe in meiner Rotte niemals richtige, ernst zu nehmende aggressive Verhaltensweisen der Tiere untereinander beobachtet. Bachen, die von einem Keiler bedrängt werden, geben ebenfalls sehr laute, fast schon schrille Abwehrlaute von sich. Irgendwie erscheinen diese Laute nachhaltiger und ernster als die Abwehrlaute, die beispielsweise im Zuge der Rangordnung beim Fressen geäußert werden.

Ganz wichtig ist der stimmliche Kontakt der Bache zu ihren Frischlingen. Wie schon erwähnt, werden für diese entscheidende Prägung die ersten Tage im Wurfkessel genutzt. Junge, nur wenige Tage alte Frischlinge werden von ihrer Mutter mit bestimmten Lauten gelockt.

Erstaunlich fand ich immer, dass eine Bache in der Lage war, zu unterscheiden, wann ihre Frischlinge ein tatsächlich ernst zu nehmendes Gequieke anstimmten, auf das dann sofort reagiert werden musste. Sie wusste anhand der Lautäußerungen, ob ihre Frischlinge tatsächlich Hilfe benötigten oder ob es sich einfach um ein zu ignorierendes „Gequengel" handelte. So konnte ich erleben, dass die sonst so fürsorgliche Ellie überhaupt nicht reagierte, als ein Teil ihrer Frischlinge mit lautem Geschrei jenseits des Zauns hin und her lief, weil sie die (schon oft benutzte) Klappe nicht fanden. Sie hielt hier ein mütterliches Einschreiten für vollkommen überflüssig. Anders jedoch ihre Reaktion, als die wenige Wochen alten Frischlinge einige Tage später versehentlich mit einem Überläuferkeiler mitliefen und vollkommen den Anschluss verloren. Das jämmerliche Geschrei in weiter Ferne ließ sie im Eiltempo loslaufen, um ihren Nachwuchs zu „retten".

Ein ganz schrilles und überaus aufdringliches Geschrei veranstalten hungrige Frischlinge. Fängt einer damit an, wird die Bache bald von ihrem kompletten Nachwuchs belagert. Häufig beginnen daraufhin auch die Frischlinge anderer Bachen zu betteln.

Eine Bache, die nicht bereit ist zu säugen, entzieht sich den Frischlingen und versucht ihren Nachwuchs abzudrängen, was menschlich gesehen sehr rabiat aussehen kann. Geht sie auf die Bettelei ein, legt sie sich oftmals an Ort und Stelle zum Säugen nieder. Das Säugen wird dann von einem dunklen, melodischen und kurzen Grunzlaut begleitet, der sehr beruhigend wirkt. Bekommt man die Gelegenheit, einem kompletten Saugvorgang zuzuschauen, so bemerkt man, dass der Grunzton der Mutterbache sich in ihrem Rhythmus und in ihrer Lautstärke verändert, leiser und lauter wird und in kürzeren oder längeren Intervallen zu hören ist – analog zum Saugvorgang der Frischlinge.

Ich hatte an einem Tag das schöne Vergnügen, auf einer Eichenwurzel sitzend, von einer säugenden Ellie, Gasti und einer der jungen Überläuferbachen umgeben zu sein. Eine lag rechts von mir, die andere vor meinen Füßen und die dritte Mutterbache hatte sich in etwa 5 m Entfernung zum Säugen hingelegt. Was für ein herrliches Bild und welch nette grunzend-schmatzende Untermalung!

Dann gibt es, wie zuvor angerissen, noch den Alarmlaut – mit unterschiedlichen Folgereaktionen. Es kann ein Blasen oder Pusten sein, aber auch ein Laut, der einem kurzen und heftigen Bellen gleicht. Ich hatte den Eindruck, dass es hier, je nach Art und Dringlichkeit der Gefahr, ebenfalls Unterschiede bei der Lautäußerung gibt.

*Schöner geht's nicht: Ellie säugt ihre acht Frischlinge direkt vor meinen Füßen.*

*Jemand hat Alarm ausgelöst und die komplette Rotte reagiert. Und was ist mit mir?*

Ein schönes Erlebnis dazu hatte ich in einem der folgenden Spätsommer, denn zu dieser Zeit tanzte ein etwa fünf Monate altes Keilerchen beim Warnen gehörig aus der Reihe. Eigentlich muss man sagen, dass er sehr zur „Hysterie" neigte (in früheren Zeiten hätte man ihm sicherlich andauernd das Riechsalz unter die Nase gehalten). Trabte die Rotte gemächlich zum Fressen durch das offene Tor, tippelte er bereits mit aufgerichteten Federn, hochgestelltem Pürzel und leicht hektischem Blick hinterher. Er nahm sich kaum Zeit für die Futtersuche, sondern schaute andauernd nach links und rechts, schnaubte und pustete. Er galoppierte zwischen seinen fressenden Artgenossen hin und her, blieb dann stehen, um nochmals Alarm zu schlagen. Und so ging es endlos weiter. Zwischen den schmatzenden und wühlenden Geräuschen der anderen Wildschweine waren immer das Schnauben und Bellen des Frischlings zu hören. Es ist wohl unnötig zu erwähnen, dass keiner seiner Rottenmitglieder ihn ernst nahm und auf seine im Zwei-Minuten-Takt ausgestoßenen Warnlaute reagierte. Er wurde vollkommen ignoriert. Man schaute noch nicht einmal hoch.

Als ich den kleinen Hysteriker zum ersten Mal so erlebt hatte, vermutete ich, dass er sich vorher in einer Stresssituation befunden hatte und daher aufgeregt und unruhig war. Doch nachdem ich ihn regelmäßig derart echauffiert antreffen konnte, kam ich zu dem Schluss, dass dieses übernervöse Verhalten sein Normalzustand war – und die Rotte ihn schon längst richtig eingeschätzt hatte: Bloß nicht beachten!

Der Begrüßungslaut war eine Lautäußerung, in dessen Genuss ich nahezu täglich kam. Meist wurde diese nette Abfolge von kurzen tiefen, irgendwie abgehackten Grunztönen mit einer kurzen, aber innigen Prüfung des Geruchs kombiniert – als wolle man sich vergewissern, dass es doch tatsächlich die Richtige ist, die man da begrüßt. Diese Begrüßungszeremonie durchlief ich stets mit der Chefin, wobei ich meist mit einer gehörigen Portion Schlamm an der Wange (und sonstwo) entlassen wurde.

Sicherlich gibt es innerhalb einer Rotte, zwischen einzelnen Keilern sowie zwischen Bache und Frischlingen noch eine Vielzahl an Lautäußerungen und Kommunikation, von denen wir nichts wissen oder die wir mit unserem doch eher schlichten menschlichen Gehör gar nicht unterscheiden können. Weiterhin stellt sich die Frage, ob wir Menschen die verschiedenen Stimmen, Töne und Laute einer Wildschweinrotte wirklich richtig interpretieren.

# DIE GROSSE JAGD: SUCHE NACH DER ROTTE

Es wurde also Oktober. Es war ein schöner, bunter Herbst mit klaren kalten Nächten und sonnigen Tagen. Wie aus dem Bilderbuch. Die Brunft des Rotwildes im Wildwald war spannend, sehenswert und vor allem hörenswert gewesen. Nun wurde es allmählich ruhiger und die abgekämpften Rothirsche hatten die Gelegenheit, sich vor Beginn des Winters zu erholen und ihre Fettreserven aufzufüllen.

Nach wie vor bummelte ich regelmäßig durch das Gatter. An einigen Tagen bekam ich „keine einzige Sau" zu sehen, an anderen glücklichen Tagen hatte ich die Bande um mich versammelt. Wie gewünscht hielten wir Kontakt zueinander.

Die erste Jagd näherte sich mit großen Schritten und ich fütterte wieder jeden Tag im Gatter, um die Rotte zum regelmäßigeren Einwechseln zu animieren. Ich wollte sie während der Jagd in Sicherheit wissen. Die schweren und menschenerschlagenden Holztore hatte ich bereits zugeschoben und eingehakt, sodass ich nur noch die Pendelklappen mit Eisenstangen hätte schließen müssen. Ja, hätte! Wenn sie denn mal in einem geschlossenen Pulk da gewesen wären! An einem Tag erschien nur Gasti mit ihren Frischlingen, der Rest fehlte. Am folgenden Tag kam dann freundlicherweise Ellie mitsamt ihrem Nachwuchs in das Gatter getanzt. Schön. Nur leider konnte ich nicht zumachen, weil die polterige Tanti mit ihrem Gefolge nicht anwesend war. Die erschienen dann am dritten oder vierten Tag. Allerdings war nun Ellie nicht vor Ort ... Es war zum Verrücktwerden!

## NUR NOCH VIER TAGE

Plötzlich blieben sie alle weg. Trotz Maisfütterung und Obstnachtisch. Vier Tage vor der Jagd. Kein Wildschwein im Gatter! Ich hatte schlaflose Nächte. Was konnte ich noch tun?

Tagsüber marschierte ich durch das Revier. Suchte in ihren bekannten und besonders beliebten Einständen und bevorzugten Dickungen. Irgendwo mussten sie doch sein! Lauthals rufend und in die Hände klatschend lief ich durch den Wald und über die Wiesen. Diese Art des Anlockens kannte meine Rotte. Ein

„normaler Mensch“ hätte sicherlich einen lauten, souveränen Pfiff angewandt, aber da ich noch nie laut pfeifen konnte, hatte ich mir den lang gezogenen Ruf „Määäääuuuuuuseeeee kooooommmmt!“ angewöhnt. Und ein lautes In-die-Hände-Klatschen. Als Alternative zu einem professionellen Pfiff. Es war nicht schön und ein bisschen peinlich, aber meine Schweine waren es gewohnt und hörten wunderbar darauf.

Ich lief also klatschend und rufend im Südteil des großen Jagdgatters umher und schwenkte dann in den Nordteil. Nichts zu sehen, nichts zu riechen. Ich schreckte einen gewaltigen, dicken Keiler aus seinem Schlafkessel auf, den er im wilden Galopp fluchtartig verließ, und verjagte drei empörte Überläufer aus ihrem Einstand. Keine Tanti. Keine tanzende Ellie. So allmählich bekam ich wirklich Angst, es vor der Jagd nicht rechtzeitig zu schaffen.

## KURZ VOR KNAPP

Wir bauten die Klappen der Pendeltore um. Marke Mäuselebendfalle. Sie konnten in das Gatter einwechseln, kamen dann jedoch nicht wieder raus. Aber sie waren nicht da! Zwei Tage vor der Jagd, bei Nieselregen und Wind also nochmals raus, um die Rotte zu suchen. Ich lief mit Kapuze, aber dennoch mittlerweile klatschnass an der dichten Fichtendickung, die direkt an das Auswilderungsgatter anschloss, vorbei. Natürlich mit Spezialruf. Und stutzte. Da war doch was? Eine Bewegung? Aus dem Augenwinkel hatte ich sie zufällig entdeckt: dicht an dicht, dunkle Körper, blinzelnde Augen. Alle lagen sie dort und rührten sich nicht! Ließen mich hier klatschend und albern rufend durch den Regen laufen! Eigentlich unerhört.

*Raffinierte Konstruktion für intelligente Schweine: umgebaute Pendeltore.*

Endlich beachtete man mich und endlich kam Leben in die Rotte. Tanti bequemte sich grunzend und schnaufend nach draußen und folgte mir in das Gatter. Ich wuchtete wieder das große Tor auf, blieb mit einem „Flop" im Schlamm stecken, zog auf einem Bein hoppelnd meinen Stiefel aus dem Morast und verstreute anschließend großflächig Mais.

Einer nach dem anderen trudelte ein. Ich zählte vorsichtshalber nochmals durch, ähnlich einer etwas hektischen Erzieherin, die nach einem Ausflug die Vollzähligkeit ihrer bunten Kinderschar überprüft: Saß noch einer auf der Schaukel? Aber sie waren komplett. Zwei Tage vor der Jagd konnte ich endlich die Klappen schließen. Meine Wildschweine waren wieder zu Hause.

**NAHRUNG IN DEN WINTERMONATEN**

Wildschweine in freier Wildbahn konzentrieren sich im Winter auf nährstoffreiche Knollen, Wurzeln und Zwiebeln und finden zudem in den oberen Bodenschichten die verschiedensten Insekten in den unterschiedlichsten Überwinterungsstadien. Mit etwas Glück entdecken sie bei der Nahrungssuche in dieser kargen Zeit das eine oder andere Mäusenest oder ein verendetes Tier.

Futter, welches zu anderer Jahreszeit verschmäht wird, wird nun als Notnahrung aufgenommen. Dies kann Laub, Flechten, verholzte Triebe oder altes Gras sein. Das, was mit möglichst wenig Energieaufwand aufgenommen werden kann, bestimmt den Hauptteil der Nahrung. Daher erscheint es logisch und nachvollziehbar, dass der Anteil an tierischer Nahrung im Winter eher gering ist – die Suche nach den Insekten, Würmern und Käfern im gefrorenen Boden ist natürlich weitaus mühsamer als das Abweiden von welkem Riedgras oder Binsen.

**RUHEZEITEN IN DEN EINSTÄNDEN**
Wildschweine machen ihre Aktivitätszeit häufig von der Witterung abhängig. Warmes und trockenes Wetter veranlasst sie gerne dazu, lange in den kühlen Einständen zu bleiben. Ebenso lang anhaltender Schneefall und Sturm. Nach Gewitterregen ziehen Wildschweine gerne zur Nahrungssuche – was meiner Meinung nach mit den Regenwürmern in Verbindung steht, die bei derartiger Witterung leicht für die Schweine zu finden sind.

Nach der langen Zeit in dem riesigen Gatterrevier hatte ich einige Bedenken, dass sich die Rotte nur schwer in dem doch begrenzten Auswilderungsbereich zurechtfinden würde. Erstaunlicherweise lebten sie sich schnell ein und blieben ruhig und gelassen. Sie suchten sich ihre altbekannten Schlafplätze und schoben sich in die mit Stroh gefüllten Unterstände. Ich fütterte wieder täglich, da das Gatter jetzt im Winter nicht ausreichend Nahrung für alle Tiere bot.
Ich verteilte Mais, gespaltene Futterüben und Heu und genoss es, sie wieder – wenigstens für eine Weile – in meiner unmittelbaren Nähe zu haben. Obwohl sich die Wildschweine nicht großartig aus dem Weg gehen und einander ausweichen konnten und jetzt auf engerem Raum zusammenlebten, waren sie untereinander sehr friedfertig. Fast schien es, als würden sie im Winter ein wenig „zurückfahren“ und nicht mit irgendwelchen Rangeleien unnötige Energien vergeuden.

## ÜBER WEIHNACHTEN ZU HAUSE

Um nicht nochmals schlaflose Nächte zu haben, beschloss ich, da ich die Rotte einmal komplett in Sicherheit hatte, sie gut vier Wochen in dem Auswilderungsrevier zu lassen. Besser kein Risiko! Denn schon bald stand die nächste Jagd auf dem Plan. So blieben sie über Weihnachten im Gatter und ich hatte über die Feiertage die schöne Gelegenheit, meine Wildschweinbande zu genießen. Sie hatten dicke dunkle Borsten mit einer unheimlich dichten Unterwolle gebildet. Vor allem die beiden Überläuferbachen hatten ordentlich zugelegt.
Sie kamen scheinbar nach ihrer Tante und wurden proper. Auffällig waren bei diesen jungen Bachen die dichten, irgendwie puscheligen Borsten an den Backen. Sie sahen aus wie aufgeplusterte Hamster und waren dadurch wunderbar zu erkennen.

*Wildschweinborsten ganz nah: silberfarben mit Wellen.*

**GEGEN DIE KÄLTE GEWAPPNET**

Für die Wintermonate bilden die Tiere zusätzlich eine Art Unterwolle aus. Dichte, weiche und gekräuselte Haare, die dem Kälteschutz und der Wärmeregulierung dienen. Mit Ausnahme des Nasenrückens und der unteren Bereiche der Gliedmaßen bedeckt das Wollhaar den kompletten Körper. Im Frühjahr verlieren sie diese „Zusatzausrüstung" und zeigen sich in einer glatten, kurzen „Borstenmode", der Sommerschwarte.

## BESTANDSAUFNAHME

Auch der jüngste Nachwuchs war erwachsen geworden. Ellie führte vier kleine Bachen und zwei Keilerchen und dann war da noch der Nachwuchs von Gasti: Die letzten Frischlinge von ihr waren etwas zarter und schlanker, aber ebenfalls „gut dabei". Alles kleine Keiler, die andauernd als Prügelknaben herhalten mussten. Glücklicherweise waren sie, wie ihre Mutter, hart im Nehmen, wussten auszuweichen, waren wendig und schnell. Vor allem die vier Frischlingsbachen von Ellie hatten es auf die schmächtigen Keiler abgesehen und ließen keine Gelegenheit verstreichen, ihnen nachzujagen. Irgendwann nannte ich diesen frechen Frischlingspulk nur noch „die Olsenbande". Es war mehr als passend.

Tanti hatte ebenfalls zugelegt und ich vermutete, dass sie während der Zeit draußen im Wildschweinrevier doch tragend geworden war. Ich musste abwarten. Damit ich irgendwann nicht durcheinander kam, mit zahlreichen Frischlingswürfen, alten Bachen und jungen Bachen, Abwanderungen und Zuwanderungen hatte ich, wie ein ehrgeiziger Ahnenforscher, damit begonnen, einen Stammbaum zu zeichnen. Um den Überblick über meine Schweinefamilie nicht völlig zu verlieren. Die Linien, Pfeile, kreuz und quer, „fremder Keiler XY", „Fränkischer Otto" und „Vater unbekannt" ließen auch mich so manches Mal grübeln und wieder ausradieren. Aber so in etwa hatte ich den Einblick, Ausblick und Überblick.

Irgendwann Ende Dezember ließ ich meine Schweine wieder raus. Ich öffnete jedoch nur die Klappen, weil sie Mitte Januar erneut aus dem Gefahrenbereich gebracht werden mussten. Zu dieser Zeit sollten in mehreren ruhigen Ansitzjagden ohne Treiber und ohne Hektik noch Frischlinge erlegt werden. Diese Reduktion war vollkommen notwendig. Nur bitte sehr nicht „meine" Frischlinge! So sollte sich also im neuen Jahr das Spiel wiederholen: das Klatschen und Rufen und Umherstreifen im Revier, über Stock und Stein. Und das Bangen, ob sie denn alle wieder rechtzeitig nach Hause kommen würden. Aber ich hatte bereits verkündet, dass falls meine Rotte bei irgendwelchen Jagden nicht vollzählig anwesend sein würde, Ellie fehlen oder Tanti noch unentschuldigt unterwegs wäre: Ich würde während der Jagd Töpfe schlagend und laut singend durch das Revier laufen, von Ansitzleiter zu Ansitzleiter hüpfend.

# WILDE BEGEGNUNGEN, ENGE BEZIEHUNGEN

Und so nahte der Januar. In der Mittagspause fuhr ich los, um zu kontrollieren, ob die „Schweine-Mausefalle“ funktioniert hatte. Ein wenig beunruhigt fragte ich mich, ob Gasti in das Gatter reingezogen war. Ich hatte sie seit Wochen nicht gesehen. Sonderbar, weil sie eigentlich mein treuestes und häuslichstes Wildschwein war.

Bereits an der ersten Klappe im Auswilderungsrevier sah es Erfolg versprechend aus: viele frische Fährten, große und kleine. Die Konstruktion mit den Hölzern, die es ermöglichen sollte, dass die Schweine zwar rein, aber nicht wieder raus konnten, war glücklicherweise noch funktionsfähig. Mit einem Eimer Mais in der Hand durchquerte ich das Gatter und ging am Zaun entlang weiter nach oben. Immer wieder streute ich kleine Mengen an Futter aus und hielt erwartungsvoll Ausschau nach meinen Schweinen. Lilli war bereits vorausgelaufen und wartete in dem jungen Eichenbestand. Sie schaute mir erwartungsvoll entgegen. Hatte sie schon etwas entdeckt?

Da kam auch schon Ellie an. Schwungvoll, freundlich und gut gelaunt: „Fein, dass du da bist. Wie schön dich zu sehen!“ Die heitere und unbeschwerte Lebenseinstellung meiner Bache war beneidenswert. In ihrem Gefolge die Olsenbande. Bald darauf ein lautes Knacken in der Buchendickung. Tanti rückte an. Wie immer etwas grobmotorisch und stimmgewaltig. Wir vollzogen erst einmal unsere Nase-an-Nase-Begrüßung und dieses Mal hatte ich den obligatorischen feuchten Schlammklumpen an der Wange kleben. Das klappte ja wie am Schnürchen! Wie schön, dass die Rotte gerade jetzt um die Mittagszeit hereingezogen war. Vor mich hinmurmelnd, denn schließlich unterhält man sich innerhalb seines Familienverbandes, ging ich weiter in Richtung der oberen Klappe. Nun mit borstiger Begleitung. Es war wunderbar, sie nahezu vollständig um mich zu haben.

Dann ein Geräusch: Gasti trabte auf uns zu! Sie war da und sie sah gut aus. Ich hatte mir glücklicherweise umsonst Sorgen gemacht. In ihrem Schlepptau hatte sie ihre Frischlinge. So allmählich füllte sich das Gatter. Jetzt fehlten nur die beiden streitlustigen „Hamsterbacken-Bachen“. Eigentlich waren sie doch immer mit Tanti unterwegs? Wir marschierten weiter. Ich vorneweg, der Rest hinterher. Ich rappelte mit meinem Maiseimer und rief meinen Spezialruf.

In dem kleinen, dichten Gehölz vor uns raschelte es plötzlich: Da kamen sie endlich! Zielstrebig, die Ohren aufgestellt: die Überläuferbachen! Dann waren wir ja komplett. Mir fiel ein Stein vom Herzen

## ANGRIFF AUS DEM HINTERHALT

Meine Schweine waren in Sicherheit und ich konnte die Riegel an den Klappen schließen. Diesen Gedanken hatte ich noch nicht ganz zu Ende gedacht, als hinter den jungen Bachen ein großer Schatten auftauchte, ein riesiger Schatten, der die beiden mit gewaltigem Tempo überholte und geradewegs auf mich zuhielt! Was war das? Ohne abzubremsen, ohne auch nur kurz zu verharren raste ein Keiler auf mich zu! Ich ließ meinen Eimer mit dem Mais fallen und hechtete zum Zaun, fasste irgendwie und irgendwo an den Zaunpfosten und zog mich am Draht hoch. Unter mir knallte ein dicker Schädel an das Geflecht. Der ganze Zaun wackelte.

Ich habe keine Ahnung, ob ich etwas gerufen oder geschrien habe. Ich denke schon. Mit schlotternden Beinen kletterte ich auf der anderen Seite vom Zaun, freudig begrüßt von Lilli.

Erstaunt und geschockt blickte ich mich um. Ein gewaltiger Keiler musste sich meiner Rotte angeschlossen haben, vermutlich den Überläuferbachen. Eine von ihnen war wohl rauschig und somit für das männliche Geschlecht interessant geworden. Bestimmt hatte er mich bereits beim Hochlaufen im Auge gehabt

*Überläuferbache mit „Hamsterbacken". Meine Enkelschweine sind erwachsen geworden.*

*Ich stehe unter Keiler-Beobachtung – möglichst dezent und unauffällig …*

und, als er mich inmitten seiner Bachen gesehen hatte, kurzerhand angegriffen. Scheinbar war ich ein überaus ernst zu nehmender Rivale für ihn. Sollte ich mich nun geschmeichelt fühlen? Was hatte ich Glück gehabt! Wäre ich wie sonst quer durch den Bestand und nicht am Zaun entlanggelaufen, hätte ich keine Chance gehabt – ich wäre gnadenlos überrannt worden und hätte vermutlich eine mehr als schmerzhafte Bekanntschaft mit seinen Eckzähnen gemacht. Mir zitterten die Knie als ich neben dem Zaun nach unten ging. Meine Rotte folgte mir auf der anderen Seite. Der Keiler ebenfalls. Mit hochgestellten Federn, aufgeregt kauend. Weißer Schaum am Gebrech.

Im Nachhinein war ich sehr erstaunt darüber, wie gelassen und unbeteiligt die Rotte auf diesen Angriff reagiert hatte. Nur ein kurzer Blick von Tanti in meine Richtung, als wollte sie sagen: „Sie ist ja ganz nett, aber manchmal hat Mami schon sonderbare Allüren: Erst schmeißt sie mit dem Eimerdings rum und dann hockt sie auf dem Zaun wie ein Vogel …"

Das Gesamtbild und vor allem die Waffen des Keilers ließen darauf schließen, dass er bereits etwas älter war. Fünf Jahre alt? Oder sogar älter? Anders als jeder andere Geschlechtsgenosse um diese Zeit, war er nicht ganz so stark abgekämpft und abgemagert. Sondern sehr agil und energiegeladen. Auf meinem Weg nach unten, am Gatter entlang, startete er einen weiteren Angriff, nahm

Anlauf und knallte nochmals gegen das Drahtgeflecht. Hoffentlich hielten die Krampen! Schnell rief ich nach Lilli und wandte mich von der Zauntrasse ab, aus seiner Sichtweite, damit er sich ein wenig beruhigte. Es sollte übrigens nicht meine letzte brisante Keilerbegegnung sein.

## WILDSCHWEINKEILER IN DEN WINTERMONATEN

Gerade im Winter, mit dichten Borsten und dunkel gefärbt, sehen Wildschweinkeiler mächtig aus. Bei älteren Keilern ist das Schild besonders stark ausgeprägt. Das ist eine 4 bis 5 cm dicke Speckschicht, die sich vom Hals bis hin zur letzten Rippe zieht. Ein regelrechter Panzer und eine Schutzausrüstung, die bei Auseinandersetzungen vor tiefen, bedrohlichen Verletzungen schützt. Während der Rauschzeit können Keiler bis zu einem Drittel ihres Körpergewichts verlieren. Sie sind unruhig, dauernd in Bewegung, ziehen den Rotten hinterher und verjagen eventuelle Kontrahenten. All dies ist überaus kräftezehrend, da sind schnell etliche Kilos abtrainiert. Die Keiler, die im Herbst als Erste rauschig werden, hungern dadurch am längsten und sind zum Ende der Rauschzeit besonders abgekämpft.

Heinz Meynhardt hat beobachtet, dass auch die weiblichen Tiere zu Beginn der Rauschzeit unruhig und unstet werden. Sie beginnen damit, Speichel an Malbäumen und Ästen abzusetzen, der dann zusätzlich mit den Augen verrieben wird. Diese duftenden Signale werden von dem umherstreifenden Keiler kontrolliert und er beginnt seine Suchwanderungen nach der paarungsbereiten Bache – und hat dabei große Ähnlichkeit mit einem Spürhund.

*Ein jüngerer Keiler streift durch die Dickung.*

## KEILERKÄMPFE MIT TRADITION

Hat ein Keiler eine Rotte oder eine Bache erreicht, kommt es zu dem Vielerlei an Verhaltensmustern, welche für die Rauschzeit typisch sind: Imponiergehabe, Werbeverhalten, Treiben und nicht zuletzt zu Kämpfen mit anderen gleich starken Geschlechtsgenossen. Die Auseinandersetzungen zwischen zwei alten Keilern können sehr aggressiv verlaufen und führen, wie ich selbst beobachten musste, zu großer Hektik im Familienverband. Nicht selten wird eine Rotte während der unruhigen Rauschzeit auseinandergerissen.

Bei einem Aufeinandertreffen zweier gleich starker Keiler während der Rauschzeit halten sich die Tiere an bestimmte Verhaltensregeln (und eigentlich fehlt nur ein beflissener Zeremonienmeister). Etliche der ritualisierten Verhaltensweisen kann man zu Beginn der Paarungszeit gut beobachten – sie dienen dazu, den Gegner einzuschüchtern und in die Flucht zu schlagen. Ein typisches Imponierverhalten ist beispielsweise das (von Otto so häufig gezeigte) Stemmscharren mit beiden Vorderläufen und nach unten geneigtem Kopf.

Oder das Spritzharnen, bei dem der Keiler eine Mulde in den Boden wühlt, Harn verspritzt, um anschließend das Ganze noch mit wilden Kopfbewegungen zu untermalen. Auch das Wetzen oder Kieferklappen mit kauenden Bewegungen und Speichelproduktion sowie das Gähnen mit schief gelegtem Kopf gehören dazu. Dieses Gehabe kann bestenfalls eine kampflose Begegnung der beiden nach sich ziehen, wenn die Stärkenunterschiede hier bereits deutlich zutage treten.

Zieht sich jedoch keiner der Rivalen zurück, so folgt das sogenannte Drohen: Die Keiler gehen frontal aufeinander zu und zeigen sich mit gekrümmten Rücken und hochgestellten Federn die Körperseiten. Der Kopf ist gesenkt und der Pürzel meist gebogen. Und weil dies noch nicht spektakulär genug ist, entwickelt sich daraus der Imponierlauf oder das Schulterstemmen. Bei gleich starken Kontrahenten kann es dann auch zum Einsatz der Gewehre, der Eckzähne, kommen, die dem Gegner durch gezielte Hiebe in die Seite oder gegen den Bauch geschlagen werden.

Während meiner Schweinejahre konnte ich übrigens feststellen, dass sich auch die jüngeren Keiler, sprich sogar die Frischlingskeiler, aktiv während der Rauschzeit beteiligten. Da noch ohne Waffen, konzentrierten sich die einjährigen Keiler dabei auf einen vehementen und keineswegs als spielerisch zu bezeichnenden Schulterkampf. Sehr beharrlich belagerten sie dann paarungsbereite Bachen, wobei sie sich vor allem auf ihre Altersgenossinnen konzentrierten.

*Verhaltene Freude meinerseits: Immer wieder kommt ein Keiler zu Besuch.*

## STARKE BANDE ZWISCHEN SCHWEINEN

Nachdem Jagdruhe im Wildschweinrevier eingekehrt war und nur noch vereinzelte Frischlingsabschüsse durchgeführt werden mussten, verschwanden meine Schweine wieder in die Freiheit des großen und weiten Lüerwaldes.

Regelmäßig verteilte ich Futter im Gatter, saß auf meinem Eimer (nun jedoch mit wärmendem Kissen) und traf dabei immer auf Kleinrotten. Ich war jedoch wachsamer geworden, denn meine Keilerbegegnung hatte mich hochgradig sensibilisiert. Ich behielt daher meine Umgebung sorgfältig im Auge, schaute mich regelmäßig um und beobachtete die Dickungen ganz genau, wenn es dort laut knackte.

An einem dieser Tage traf ich an einem Nachmittag auf Gasti. Ich hatte Heu und Anwelksilage auf Haufen gepackt und verteilte Runkeln und Mais. Vergeblich hielt ich beim Füttern nach ihren Frischlingskeilern Ausschau. Sonderbar, dass die Bache alleine, ohne ihren Nachwuchs umherzog. Ich beschloss, noch einen kurzen Kontrollgang zu machen, und entdeckte sie dann tatsächlich: Dicht aneinandergedrängt lagen sie unter einer alten Buchenkrone. Sehr ungewöhnlich. Sie rührten sich nicht, auch nicht auf meinen Lockruf hin. Sie blieben alle drei liegen. Am folgenden Tag ließ mir dieses sonderbare Verhalten der jungen Wildschweine keine Ruhe. Irgendetwas stimmte nicht! Das hatte ich im Gefühl.

Bewaffnet mit meinem Eimer ging ich den Zaun hoch und fand sie erneut in ihrem Kessel unter der Baumkrone. Ich fütterte und verstreute den Mais großflächig und endlich erkannte ich, als die Frischlinge doch zum Fressen hervorkamen, den Grund für ihre Zurückhaltung: Einer der jungen Keiler war verletzt! Humpelnd, mit gekrümmtem und eingezogenem Rücken, ging er umher. Er hatte sichtlich große Schmerzen. Ich konnte über die Ursache seiner Verletzung nur spekulieren: Eine Schussverletzung? Eine Verletzung durch einen rauschigen Keiler oder durch herumliegenden Draht? Eigentlich konnte ich nichts weiter für den Frischling tun, als ihn an den folgenden Tagen gut zu beobachten. Ich holte noch eine Fuhre Mais, damit das kranke Tier, ohne dauernd von der Olsenbande verjagt zu werden, fressen konnte. Es beruhigte mich ein wenig, dass er zumindest das Futter nicht verweigerte.

In den folgenden Tagen fütterte ich die Frischlingskeiler mehrmals mit Sonderrationen und eiweißhaltigen Leckerbissen. Meist hatte ich Glück und der Rest der Rotte war gar nicht im Gatter. Der kranke Keiler hatte zwar schnell abgebaut, war dünn geworden, doch die Verletzung heilte gut und glücklicherweise zügig. Bereits nach einigen Tagen konnte man eine deutliche Besserung erkennen. Ich fand es mehr als außergewöhnlich, dass seine beiden Brüder während dieser Zeit bei ihm blieben. Sie waren ihm nicht von der Seite gewichen, waren sogar zwei Tage lang mit ihrem verletzten Rottenmitglied im Kessel gelegen und noch nicht einmal aufgestanden, um selbst zu fressen! Eigentlich hätte man doch eher vermutet, dass sie seine Schwäche schnellstmöglich ausnutzen, ihn abdrängen würden, um ihn letztendlich alleine zu lassen.

Ich staune noch heute über diese, menschlich gesagt, fürsorgliche Verhaltensweise und gerate immer wieder darüber ins Grübeln: Vielleicht war das verletzte Wildschwein der „Tonangebende“ dieser kleinen Triorotte gewesen. Einer, der die Führung übernahm. Er war dazu nun nicht mehr in der Lage – wer sollte also seinen starken Part übernehmen? Scheinbar war keiner der beiden anderen dazu bereit. Blieben sie daher in der Nähe ihres kleinen Chefs, weil sie sonst – alleine – nicht zurechtgekommen wären? Vielleicht war dieses Verhalten auch einfach das Ergebnis dieser drei Charaktere. Auch möglich. Vielleicht hätten andere Keiler – mit mehr Aggression und Dominanz – in dieser Situation ganz anders reagiert. Oder aber die drei jungen Keiler hatten als Brüder eine besonders enge, vertraute Beziehung zueinander. Konnte dies die einfache Erklärung für dieses Verhalten sein?

**AUSHEILUNG VON VERLETZUNGEN**
Wildschweine werden im jagdlichen Zusammenhang als „schusshart" bezeichnet. Sie haben ein außerordentlich hohes Selbstheilungsvermögen und damit heilen selbst schwere Verletzungen – ohne Infektionen – gut aus. Dieser Umstand sollte aber nicht vergessen lassen, dass es dabei meist zu starken Beeinträchtigungen der Körperentwicklung und der Widerstandsfähigkeit kommt.

Heinz Meynhardt beschreibt ganz ähnliche Vorkommnisse bei seinen Wildschweinen: Er berichtet beispielweise von einer Überläuferbache, die aufgrund einer Verletzung von der Rotte ausgestoßen wurde. Eine gleichaltrige, gesunde Bache folgte ihr ohne erkennbaren Grund. Der Forscher vermutet, dass bestimmte, bisher unbekannte Bindungen bei derartigen Verhaltensweisen eine große Rolle spielen. Scheinbar hielten diese beiden Bachen seit jeher fest zusammen.

Wie auch immer und warum auch immer, sicher ist nur, dass wir das enge und verstrickte Sozialverhalten dieser Tierart gehörig unterschätzen. Ich denke nicht, dass Wildschweine von ihrem sozialen Verhaltensmuster her „fertig" entwickelt sind. Vielmehr schätze ich sie in diesem Bereich als äußerst anpassungs- und lernfähig ein. In der doch recht kurzen Zeit meiner sechs Wildschweinjahre konnte ich bereits in so vielen Bereichen ein Abweichen von der festgelegten Lehrbuchmeinung feststellen. Man sollte sich also tunlichst davor hüten, Wildschweinverhalten voraussehen zu wollen. Sie halten sich an keine Normen. Ich finde das schön.

*Wer hätte das gedacht? Enge Bindungen zwischen Rottenmitgliedern sorgen für Überraschungen.*

# FRISCHLINGSALARM!

Der Winter kam und in den nun folgenden Wochen und Monaten sollte ich einen Einblick in das harte Leben einer Wildschweinrotte erhalten. So manches Mal musste ich mich zurückhalten, nicht einzugreifen. Mich nicht in das natürliche Geschehen und den natürlichen Ablauf einzumischen. Natur eben Natur sein lassen. In all ihrer Gnadenlosigkeit und vermeintlichen Härte. Es ist mir bisweilen nicht leichtgefallen.

Meine Rotte war tatsächlich wild und selbstständig geworden. Das Leben „wie in freier Wildbahn" funktionierte. Alle Tore und Klappen standen offen, aber meine Wildschweine zogen nach wie vor regelmäßig in das Auswilderungsgatter, in ihre altbekannten und bewährten Einstände. Doch sie nabelten sich ab. Es war genau so, wie es sein sollte, wie ich es mir erhofft hatte.

Bereits im Dezember konnte ich es deutlich erkennen: Alle Bachen hatten zugelegt und waren tragend: Ellie, die Gastbache, die beiden Überläuferbachen und sogar Tanti. Zum ersten Mal!

In weiser Voraussicht begann ich damit, Stroh in die Unterstände zu verteilen. Zusätzlich packte ich etliche Lagen an geschützte Stellen, in trockene Dickungen, unter alte Eichen und in die Fichtendickungen. Ein wenig kam ich mir wie ein vorweihnachtlicher Wichtelzwerg vor, der heimlich Geschenke versteckt. So aber hatten die Bachen wenigstens Polstermaterial für ihre Wurfkessel zur Verfügung. Unter das Wellblech quetschte ich ebenfalls drei Bund und auch die weiter oben gelegenen Hütten bereitete ich vor. Immer behielt ich dabei meine Umgebung wachsam im Auge. In den letzten Jahren hatte ich immer wieder turbulente Begegnungen mit missmutigen Keilern gehabt. Nun war ich hervorragend darauf konditioniert und meine beherzten Sätze über die Wildzäune hatten mittlerweile olympische Hürdenläuferqualitäten erreicht. Dem Aussehen der Bachen nach zu urteilen, würden die Frischlinge bereits in den Wintermonaten zur Welt kommen. Wirklich keine guten Startbedingungen für den Nachwuchs.

## DIE BESTE ZEIT FÜR DAS FRISCHEN

Beobachtet man eine Wildschweinrotte über mehrere Jahre, so wird klar, dass es drei Termine für das Frischen gibt. Die einst so konkret benannte Rauschzeit des Wildschweins im Winter ist durch zahlreiche (bereits angesprochene)

Faktoren stark verschoben und ausgedehnt worden. Der Zeitpunkt des Frischens im März/April ist der optimalste und wohl auch der von der Natur ursprünglich vorhergesehene. Die in diesem Zeitraum frischenden Bachen finden die besten Bedingungen vor, um ihren Nachwuchs erfolgreich großzuziehen. Das Wetter mag noch unbeständig und wechselhaft sein, doch die Temperaturen sind meist erträglich. Die Nahrungsbedingungen für die säugende Bache sind weitaus besser, als die einer Bache, die im Dezember oder Januar frischt. Was soll eine säugende Bache mit sieben Frischlingen im Dezember fressen? Welche energiereiche und gehaltvolle Nahrung hat sie zu erwarten?

Im Frühjahr kommen das erste eiweißhaltige Grün, die ersten Wurzeln und Keimlinge, die ersten Insekten und Würmer genau passend. Nicht nur für die Mutter, sondern auch für die Frischlinge, die ja früh mit der Aufnahme von fester Nahrung beginnen.

Ein im August frischendes Wildschwein muss bis in den Spätherbst hinein für ihren Nachwuchs sorgen. Sie geht ausgezehrt und ohne Kraft- und Fettreserven in den Winter. Ihre Frischlinge übrigens auch!

*So sieht eine tragende Bache aus: Gasti, die Gastbache.*

## DIE ERSTEN WINTERFRISCHLINGE SIND DA

Es war Ende Januar, als ich mich mit meiner voll beladenen Schubkarre durch das Gatter kämpfte. Immer wieder schlingerte das Rad weg und mühsam musste ich mir einen Weg durch Schnee und Schlamm bahnen. In den letzten Tagen hatte sich die Rotte etwas rar gemacht. Nur sporadisch bekam ich die immer dicker werdenden Bachen zu sehen. Vielleicht nahmen sie schon die Standorte für ihre Wurfkessel in Augenschein und trugen erstes Material zusammen? Meine ausgelegten Strohhaufen waren bereits deutlich kleiner geworden oder stellenweise sogar komplett verschwunden.

An den beiden Vortagen hatte ich nur Tanti im Gatterrevier entdeckt. Dass sie alleine unterwegs war, abgesondert von ihrem Verband, ließ darauf schließen, dass sie bald frischen würde. Ihr Gesäuge war voll ausgebildet und deutlich zu sehen und ihr ganzer Bauch schien sich nach hinten verlagert zu haben. Alles Zeichen für ein baldiges Frischen. Erst auf dem Rückweg mit leerer Karre bekam ich an diesem Tag mein „Tantenschwein" zu Gesicht – und bemerkte sofort, dass sie gefrischt haben musste. Sie war rank und schlank. Eher lustlos wühlte sie in dem verstreuten Futter. Als sie mich hörte, lief sie mir sofort entgegen, begrüßte mich zwar lautstark, aber ungewohnt kurz. Suchend blickte ich mich um, konnte jedoch keinen Kessel finden. Wo waren ihre Frischlinge? Da eilte sie schon geschäftig, mit aufgestellten Ohren und hoch aufgerichtetem Pürzel, im flotten Trab Richtung Wellblech. Mit tiefen Grunzlauten zwängte sie sich unter das flache Blech. Jetzt wusste ich Bescheid. Tanti hatte ihren Nachwuchs in ihrem altvertrauten Schlafplatz zur Welt gebracht!

*Der Winter – schwere Zeiten für die Kleinsten ...*

Ich folgte ihr langsam und leise vor mich hin plaudernd. Es war das erste Mal, dass diese Bache Frischlinge – eigene Frischlinge – hatte. In der Mutterrolle an ihrem Wurfkessel hatte ich sie noch nicht erlebt. Daher näherte ich mich ihr gemächlich und behutsam. Aber ich hätte mir keine Sorgen machen müssen: Ganz entspannt und ruhig sah sie mir entgegen.

Ich fuhr nochmals mit der Schubkarre los, um ein weiteres Bund Stroh zu holen. Das Wetter war unangenehm, nasskalt und windig und damit alles andere als ideal für die jungen Schweine. Ein zweites Mal ging ich plappernd und plaudernd zu dem Wellblech. Und hörte gemächliche „Antwortgrunzer". Als ich das Bund von der Karre hob und aufschnitt, quetschte sie sich unter ihrem Unterstand hervor, als wüsste sie, was ich vorhatte. Was dann folgte, gehört zu den zahlreichen Erlebnissen, von welchen ich später immer sagen sollte: „Das glaubt mir doch kein Mensch!"

Während ich Tanti die einzelnen Strohlagen reichte, packte sie diese in ihr Maul, um damit mit viel Gedrücke und Geschiebe ihren Wurfkessel auszupolstern. Glaubt das jemand? Wir brauchten eine ganze Weile (bis wir beide zufrieden waren) und sie schnaubend in dem nun sorgfältig und kunstvoll ausgekleideten Strohkessel verschwand. Von außen hatte sie das Wellblech mit Buchenästen und langem Gras verdeckt. Richtige Knüppel hatte sie herangeschleppt, um eine Seite des Wellblechs fast komplett abzudichten. Vielleicht auch, um es zu tarnen. Ich leerte noch einen zusätzlichen Eimer mit Mais, Sonnenblumenöl und einigen Eintagsküken direkt vor dem Kessel und zog mich dann zurück.

In den folgenden Tagen blieb Tanti glücklicherweise unter dem Wellblech und verließ es nur, um ein wenig zu fressen und sich in der angrenzenden kleinen Buchendickung zu lösen. Ich war in die Rolle des rührigen Zimmerservice-Mitarbeiters geschlüpft und lieferte jeden Tag reichhaltiges Futter direkt an den Kessel. Ein ausgefeiltes „Wochenbett-Menü". Als hätte sich herumgesprochen, dass die ersten Frischlinge da waren, lungerte der Rest der Rotte ebenfalls wieder regelmäßig im Auswilderungsgatter herum.

Nach und nach verschwanden meine beiden anderen Bachen. Die Kontrolle der oberen Schutzhütten zeigte mir jedoch, dass sie draußen im Revier und nicht im Auswilderungsgatter ihre Wurfkessel gebaut hatten. So konnte ich nur warten, bis die Rotte wieder zusammenfand, und hoffen, dass Ellie und Gasti wohlbehalten mit ihren kleinen Frischlingen auftauchen würden. Auch die Olsenbande war mit ihren Mutterbachen verschwunden, um möglichst in deren Nähe zu bleiben. Von diesem besonderen Verhalten der älteren Frischlinge hat Heinz Meynhardt in seinen Studien ebenfalls berichtet.

*Unglaubliche Wildschweinmütter: fürsorglich, aufmerksam, großmütig, wehrhaft und wenn es sein muss: unglaublich schnell!*

Lange Zeit wurde vermutet, dass die vorjährigen Jungtiere in der Rotte bleiben, bis ihre Mutter sich mit dem neuen Nachwuchs der Gruppe wieder anschließt. Häufiger ist es jedoch der Fall, dass die älteren Jungtiere ihre Mutter zum Wurfkessel begleiten und dort, in einer gewissen Distanz, ausharren. Zusammen mit der Mutterbache und den kleinen „Geschwisterfrischlingen" kehren sie dann zur Rotte zurück. Ich kann dieses Verhalten vollkommen bestätigen. Sowohl die älteren Frischlinge von Ellie als auch die drei Keiler der Gastbache begleiteten ihre Mütter zu ihren Wurfkesseln. Sie kehrten dann – im respektvollen Abstand zum jüngsten Nachwuchs – mit ihren Müttern zurück. In den ersten drei bis vier Wochen durften sie sich den Kleinen nicht nähern, abwechselnd wurden sie von den Bachen verjagt. Verstehen konnten sie diese andauernden Attacken und lieblosen Zurückweisungen gar nicht – man sah es ihnen an: Sie waren äußerst gekränkt und persönlich betroffen!

Anfang Februar war es so weit: Ellie und die Gastbache kehrten mit ihrem Nachwuchs in das Auswilderungsrevier zurück. Obwohl sich die drei Bachen längere Zeit nicht gesehen und auch keinen Kontakt zueinander gehabt hatten, bildete sich sofort wieder ein geschlossener und harmonischer Verband. Das gemeinsame Ziel war klar: Schutz und Führung der Frischlinge. Und die insgesamt 17 Frischlinge sorgten für ein turbulentes Gewühle.

Ellie und die Gastbache waren ausgehungert, das Säugen der Frischlinge und dazu die karge, nahrungsarme Jahreszeit hatten an ihren Kraftreserven gezehrt. Mais mit Sonnenblumenöl, Runkeln und sogar Heu verschwanden in atemberaubender Geschwindigkeit. Für mich war es großartig, die vielbeschriebene Fürsorge sowie das einmalige Sozialverhalten von Wildschweinen nun tagtäglich miterleben zu können. Alle drei Bachen fühlten sich für den Nachwuchs zuständig. Man konnte auf den ersten Blick gar nicht unterscheiden, welche Frischlinge zu welcher Mutter gehörten. Überall wurden die kleinen Gestreiften akzeptiert, toleriert und umsorgt.

In einigen fachlichen Abhandlungen hatte ich im Vorfeld natürlich über die „Frischlingskindergärten" gelesen. Es tatsächlich zu erleben, war mit eines der schönsten Erlebnisse meiner Wildschweinjahre: 17 (später wurden daraus sogar 30!) Frischlinge von aufmerksamen, wachsamen und fürsorglichen Müttern bewacht und behütet. Jede der Bachen reagierte auf Gequieke, jede passte auf. Es war unglaublich zu sehen, dass (natürlich) Tanti bei Gefahr in Verzug mit einem dumpfen Warnlaut alle Frischlinge um sich versammelte, um dann mit ihnen – Pürzel hochgestellt – eilig die schützende Dickung aufzusuchen.

## SCHWERE BEDINGUNGEN FÜR DEN NACHWUCHS

Es war hart, mit ansehen zu müssen, was den kleinen, wenige Tage alten Frischlingen von der Rotte zugemutet wurde. Der Regen der vergangenen Wochen hatte den Boden aufgeweicht. Der nasse Schlamm reichte den kleinen Schweinen bis weit über die Läufe, manchen sogar bis an den Bauch. Mit gekrümmten Rücken, zitternd vor Kälte, staksten sie ihren Müttern dennoch tapfer hinterher. Nach nur wenigen Minuten des Umherziehens suchten die kleinen Frischlinge einen geschützten Platz, während die Bachen fraßen. An einem dicken Baumstamm, einem Stubben drängten sie sich meist eng aneinander. Bereits nach kurzer Zeit waren sie müde und strauchelten unbeholfen über die matschige und aufgewühlte Erde.

Sie wurden mitten im unwirtlichen Januar geboren und mir wurde mehr als deutlich vor Augen geführt, dass hier letztendlich nur die Stärksten überleben würden. Hier fand – direkt vor meinen Augen – eine natürliche Auslese statt.

*Tanti mit 17 Frischlingen. Sie hat (wie immer) die absolute Oberaufsicht.*

*Kurzes Aufwärmen an einem geschützten, sonnigen Platz.*

**WITTERUNGSBEDINGTE VERLUSTE**

Vor allem lang andauerndes nasskaltes, windiges Wetter setzt den kälteempfindlichen jungen Wildschweinen sehr zu. Irgendwann im Laufe des Tages sind sie bis auf die Haut durchnässt und kühlen aus. Zudem laufen sie durch kalten Schlamm, müssen wasserführende Gräben durchqueren. Zahlreiche Frischlinge sterben daher an den Folgen einer Lungenentzündung. Mit trockener, klarer Kälte hingegen kommen die Jungtiere sehr gut zurecht.

## ES GEHT WEITER: IMMER MEHR FRISCHLINGE

Zwei Tage später hatte die erste Überläuferbache gefrischt. Sie war dem Beispiel ihrer Tante gefolgt und hatte sich ebenfalls das sichere und regendichte Wellblech als Kessel ausgesucht. Die kräftige und körperlich gut entwickelte junge Bache führte sechs Frischlinge. Auch wenn sie nie zahm gewesen und mir gegenüber immer auf Abstand geblieben war, so zeigte sie ebenfalls keinerlei Aggressivität, als ich das Gatter betrat. Das Frischen hatte sie jedoch einiges an Kraft gekostet. Sie rührte sich kaum in ihrem Kessel und daher ließ ich sie in Ruhe, nachdem ich sie mit ausreichend Futter versorgt hatte.

Einen Tag später bekam ich ihren Nachwuchs richtig zu Gesicht und ich fragte mich besorgt, wie diese Lebewesen es schaffen sollten. Nahezu alle Frischlinge waren ungewöhnlich klein. Kaum größer als eine Handfläche und sehr zart gebaut. Solche Winzlinge hatte ich noch nie gesehen. Wie sollten sie groß werden?

Nun ging es tatsächlich Schlag auf Schlag: Zwei Tage später zog die zweite Überläuferbache mit sieben Frischlingen in das Gatter und schloss sich ihrer Schwester an. Auch diese Frischlinge waren äußerst klein. Einige der Minischweine hätten in meine Hand gepasst. So war ich nun also „Uroma“ geworden. Mit den raschen Entwicklungsschritten und der frühzeitigen Geschlechtsreife meiner Wildschweine wurde ich wirklich im rasanten Tempo alt!

Zunächst blieben die beiden Überläuferbachen für sich und hielten sich im unteren Teilbereich des Auswilderungsgatters auf. Meine drei älteren Bachen zogen vor allem durch die oberen Klappen in das Revier und hatten die dort gebaute Schutzhütte als Gemeinschaftskessel okkupiert. Nach gut einer Woche hatten sich die Überläuferbachen mit ihren Frischlingen den älteren Bachen angeschlossen. Und dies bot mir ein einmaliges Bild: Fünf Bachen mit 30 Frischlingen! Ich mutierte wieder einmal zum Futterautomaten, beladen mit Mais, Runkeln, Anwelksilage und Stroh. Der Weg von meinem Haus zum Auswilderungsgatter wurde zum vielbefahrenen Trampelpfad. Regelmäßig landeten Tauben und Eintagsküken im Gatter, um den arg beanspruchten, säugenden Müttern Eiweiß zukommen zu lassen.

*Gestreiftes Wildschweingewimmel …*

Trotz Regen und Sturm verbrachte ich Stunde um Stunde im Wildschweinrevier. In dicken Thermohosen und gefütterten Stiefeln behielt ich vor allem meine Bachen und ihren Nachwuchs im Auge. Dieses harte Wildschweinleben, das ich nun tagtäglich beobachtete, brachte mich zum Nachdenken und zum Spekulieren. Die Sterblichkeitsrate von Frischlingen, die in den Wintermonaten zur Welt kommen, war und ist mehr als erschreckend hoch. Die bereits erwähnten Aspekte, wie nasskalte Witterung sowie schlechte Nahrungsbedingungen, waren jedoch nicht die einzigen Faktoren, die für die hohen Frischlingsverluste ausschlaggebend waren. Vor allem in den Wintermonaten, bei geöffnetem Gatter, musste ich feststellen, dass es noch eine weitere maßgebliche Ursache gab: Mir fiel auf, dass gerade unmittelbar nach dem Frischen die Bachen für die Keiler nochmals sehr interessant wurden. Bereits am Wurfkessel unterlag das weibliche Tier einer Dauerbelagerung durch die Keiler. Je nach Alter und Erfahrung verließ sie dadurch früher, zu früh, mit ihren wenige Tage alten Frischlingen den Wurfkessel, um zur Rotte zurückkehren. Und wurde auch dabei beharrlich von den Keilern verfolgt. Ich kann dieses Phänomen nur damit erklären, dass Bachen, die ihre Frischlinge kurz nach der Geburt verlieren, so möglichst schnell wieder beschlagen werden. Und dadurch die Reproduktion ihrer Rotte doch noch unterstützen. Bei Vögeln würde man von einer Nachbrut oder Zweitbrut sprechen. Die Anwesenheit der Keiler sorgte für eine permanente Unruhe im Familienverband. Die Rotte war hektisch, immer in Bewegung und versuchte, die Keiler abzuwehren. Ein Umstand, der über eine Woche lang anhalten konnte – das war für die wenige Tage alten Frischlinge fatal.

Die Folgen waren bald zu beobachten. Die regelmäßigen Fluchtversuche und das hektische Verhalten sorgten dafür, dass viele der Frischlinge nicht mithalten konnten, sie magerten deutlich ab und zeigten bald schon entzündete Augen und Durchfall. Deutlich sichtbare Verletzungen an den Vorderläufen bzw. an den unteren Gelenken waren keine Seltenheit. Die schwachen Läufe und Sehnen waren noch gar nicht in der Lage, Derartiges zu leisten.

Die Zahl der Frischlinge reduzierte sich nahezu täglich. Zum ersten Mal in meinen Wildschweinjahren wurde mir der Gang Richtung Wildschweinrevier schwer. Jeden Tag zählte ich die kleinen Frischlinge durch und fast jeden Tag war es einer weniger. Ich musste hart mit mir ringen, um nicht einen günstigen Moment abzupassen und die Tore und Klappen zu verriegeln. Damit die Rotte wenigstens für zwei Wochen ein wenig zur Ruhe kam. Aber ich durfte und wollte mich nicht in die Abläufe der Natur einmischen. Ich beobachtete häufig einen großen Fuchs, der das Auswilderungsgatter und dessen Umgebung scheinbar erfolgreich nach den verendeten kleinen Schweinen absuchte oder geschwächte Frischlinge erbeutete. Eine Gesundheitspolizei auf vier Pfoten. Wie gut, dass er da war.

*Das (Über-)Leben wird ihnen nicht leicht gemacht: Kleine Frischlinge müssen mit der Rotte mithalten.*

Ich freute mich über jeden regenfreien und halbwegs trockenen Tag. Kam die Sonne im Laufe des Tages heraus, dachte ich gleich an die kleinen Frischlinge und hoffte, dass sie sich gerade da aufhielten, wo sie etwas Sonnenwärme bekamen. Wenn nachts Regen, Hagel und Wind gegen das Schlafzimmerfenster peitschten, gingen meine ersten verschlafenen Gedanken zu den Schweinen. Es war verrückt. Das Schicksal und das Wohlergehen des gestreiften Nachwuchses spukten mir beharrlich im Kopf herum.

**VERENDETE ROTTENMITGLIEDER**

In diesem Zusammenhang berichtet Heinz Meynhardt, dass Wildschweine niemals ein totes Rottenmitglied fressen. Ich konnte dies bei einem verendeten kleinen Frischling ebenfalls beobachten. Er wurde von zahlreichen Rottenmitgliedern beschnuppert und sogar angestupst, aber keiner von ihnen machte auch nur den Versuch, ihn anzufressen. Eher hatte ich bei einigen Tieren den Eindruck, als würden sie vor dem toten Artgenossen zurückweichen. Heinz Meynhardt hat dieses Verhalten von Wildschweinen in zahlreichen Versuchen bestätigt.

## AUFTRITT UND ABGANG VON KUNIBERT DEM SCHRECKLICHEN

Zu allem Übel hatte sich nun ein wirklich grober „Klotz von Keiler“ meinen Bachen angeschlossen, der sich äußerst aggressiv mir gegenüber zeigte. Von einem Betreten des Gatters konnte keine Rede mehr sein. Ich taufte ihn „Kunibert den Schrecklichen“ und hatte einen neuen Feind im Borstenkleid.

Es stand zu befürchten, dass er irgendwann mit seinem nicht ganz unerheblichen Kampfgewicht den Zaun tatsächlich demolieren könnte. An einigen Stellen hatte das Geflecht schon recht gewankt und nachgegeben. Meine lieben Arbeitskollegen hielten meine Keiler-Erlebnisberichte für arg übertrieben und insgeheim wohl etwas mädchenhaft. Bis sie dann eingeladen wurden, sich den netten Kunibert in Aktion anzusehen. Und der Keiler zeigte sich mit vollem Körpereinsatz! Und zwar derart motiviert, dass es einem Kollegen, der im benachbarten Eichenbestand unterwegs war und dabei Zaun an Zaun Herrn Kunibert kennenlernte, sehr mulmig wurde. Wie war das mit dem mädchenhaft?

Um den Keiler etwas auf Distanz zu bringen, wurde er am folgenden Tag mit Gummischroten beschossen. Damit er zurückwich und wieder seiner Wege ging. Doch der dickfellige Kunibert zeigte keinerlei Reaktion. Keine Flucht in voller Panik, kein Erstaunen. Er schüttelte sich kurz, als hätte er ein lästiges Insekt am Ohr, und blieb einfach stur stehen. Bereit zur nächsten Attacke! Letztendlich blieb uns nichts anderes übrig, als den Keiler zu erlegen. Zu groß erschien uns die Gefahr, dass er auch in dem für Besucher zugänglichen Revierteil des Wildwaldes auftauchte und dort sein aggressives Unwesen trieb. Meine komplette Rotte und ich fungierten als mutige Lockvögel und als er nah genug herangekommen war, lag er im Schuss.

Ich schlenderte gemächlich mit meinem obligatorischen Eimer von dem erlegten Tier weg und brachte meine (völlig entspannten) Familienmitglieder vom Tor weg, damit der Keiler geborgen werden konnte. Sie hatten keinerlei Reaktion auf den Schuss gezeigt, hatten sich wie immer auf mein Geschwätz konzentriert und zeigten sich auch nicht verängstigt, als sie an dem toten Keiler vorbeizogen. Aber ich als Leitbache war ja ebenfalls lässig und locker: Wir taten einfach so, als wäre es normal, dass Kunibert dort herumlag. Er wog aufgebrochen über 92 kg. Einen Angriff von einem Keiler mit über 100 kg hätte man nicht überlebt.

Nachdem der unstete „Kunibert der Schreckliche“ sich verabschiedet hatte, zogen zwar noch geraume Zeit andere Keiler mit der Rotte mit, doch sie alle zeigten nicht ansatzweise die Aggressivität ihres Vorgängers. Endlich kehrte ein wenig Ruhe ein. Die Verluste bei den kleinen Wildschweinen waren letztendlich enorm. Anfang März waren von den einst 30 Frischlingen nur noch elf übrig!

## UND ZULETZT DIE FRISCHLINGSBACHEN

Bald schon wurde deutlich, dass auch die vier kleinen Frischlingsbachen tragend waren. Sie sonderten sich immer mehr von ihren Brüdern ab und suchten Anschluss bei den älteren Bachen.

Mitte März waren dann plötzlich die Frischlingsbachen verschwunden und ich wartete mit Bangen auf ihre Rückkehr. Alle vier hatten ihre Wurfkessel außerhalb des Auswilderungsgatters angelegt und kamen neun Tage später zusammen mit ihren Frischlingen zum Fressen. 18, 19 oder 20 Frischlinge? Ich hatte große Schwierigkeiten, das Gewimmel voller winziger Schweine zu zählen! 19 Stück sollten es letztendlich sein und ähnlich denen der Überläuferbachen war der Nachwuchs sehr zart, klein und schwach und mit außerordentlich geringem Geburtsgewicht. Eine kleine Minibache hatte ein schrecklich missgestaltetes und blutiges Auge. Ob sie es von Geburt an hatte, was ich vermutete, oder ob es durch eine Verletzung entstanden war, konnte ich nachträglich natürlich nicht feststellen. Ihre gesamte körperliche Verfassung war sehr schlecht, sie war kaum in der Lage, ihre Gliedmaßen zu koordinieren. Ich rang viel und intensiv mit mir, in diesem besonderen Fall einzugreifen, um einem Tier Leid und Schmerz zu ersparen. Spätestens dann, als dieser kleine Frischling immer wieder den Anschluss verlor, weil er sich kaum noch orientieren konnte. An dem Tag, an dem ich mich entschieden hatte, ihn zu erlösen, hatte die Natur jedoch bereits ein Einsehen gehabt: Die kleine Bache war nicht mehr da.

### HÖCHSTE STERBLICHKEIT IN WILDSCHWEINROTTEN

Im Vergleich zu den anderen Altersklassen sind Frischlinge bei Weitem der höchsten Sterblichkeit ausgesetzt. Untersuchungen zeigen, dass die Würfe bis zum Ende des ersten Lebensjahres um mindestens 50 Prozent – und gewöhnlich noch weitaus mehr – reduziert werden. Ein großer Anteil davon fällt in die ersten drei Lebensmonate und ist bedingt durch Unterkühlung, Nahrungsmangel und Feindeinwirkungen. Ein weiterer Anstieg der Sterblichkeit ist im Herbst zu verzeichnen, Gründe sind die Witterung, der Herbsthaarwechsel und das Nachlassen der intensiven Führung durch die Bache während der Rauschzeit. Vor allem spät gefrischte Jungtiere fallen diesen Einflüssen zum Opfer.

Die Frischlingsbachen blieben mit ihrem Nachwuchs für sich und das sollte so bleiben. Sie sonderten sich von der Hauptrotte ab und bildeten einen eigenen Verband. Eine dieser jungen Bachen verlor sehr früh alle Frischlinge, blieb jedoch weiterhin bei ihren Schwestern und übernahm damit automatisch „Tantenpflichten" in der kleinen Rotte.

Später, im Oktober, bekam ich diese neu zusammengesetzte Rotte wieder öfter zu sehen. Die Frischlingsbachen hatten sich hervorragend entwickelt und sahen gut aus. Von ihren einst 19 Frischlingen zogen noch neun mit ihnen mit. Auch hier hatte es eine gewaltige Sterblichkeit gegeben, obwohl der Zeitpunkt des Frischens, Mitte März, weitaus günstiger gewesen war. Doch es waren junge Bachen, in einer jungen, nicht gerade wehrhaften Rotte. Unerfahren, unsicher und ohne eine kluge, ältere Leitbache. Diese Faktoren hatten sicherlich zusätzlich zu den hohen Verlusten beigetragen.

*Eine kleine, tragende Frischlingsbache. Das Gesäuge ist bereits gut zu erkennen.*

**ZURÜCKBILDUNG DES GESÄUGES**

Alle von Frischlingen nicht angesaugten Zitzen bilden sich rasch wieder zurück. Eine Bache, die wenige Tage nach dem Frischen alle Jungtiere verliert, weist innerhalb kurzer Zeit kein Gesäuge mehr auf. Binnen zwölf Stunden bilden sich die Zitzen zurück und liefern keine Milch mehr.

# DAS LEBEN GEHT WEITER

Mein Wildschweinleben ging weiter. Die letzten Monate waren nicht unbedingt idyllisch und voller munterer Wildschweinbeobachtungen gewesen ... Sie hatten mir einen harten und realistischen Einblick in das Leben einer Wildschweinrotte gegeben. Ob ich wollte oder nicht, ich hatte den gnadenlosen Überlebenskampf der kleinen Frischlinge miterlebt.

Die Entwicklung meiner Handaufzuchten und meiner Rotte hatte jahrelang unkompliziert – geschützt, umsorgt und ohne die reduzierenden Faktoren von außen – stattgefunden. Nun waren sie zahlreichen Einflüssen ausgesetzt, die eine Wildschweinpopulation in freier Wildbahn auf ganz natürliche Weise einzuschränken vermochten: Witterung, Nahrungsmangel, Stress, Unruhe sowie Krankheiten. Aber so musste und sollte es sein, das ganz normale Wildschweinleben! Mit den von der Natur eingerichteten Schattenseiten, Engpässen und Herausforderungen. Die alle einen Sinn hatten. Denn was wäre die Alternative für dieses Leben wie in freier Wildbahn gewesen?

Für zahlreiche handaufgezogene und fehlgeprägte Wildschweine bleibt, wie anfangs schon erwähnt, häufig nur die Einzelhaft auf wenigen Quadratmetern. Keine schöne Zukunftsvision für ein Wildtier: Es wird niemals die Möglichkeit haben, von Einstand zu Einstand zu ziehen, sich im Graben zu suhlen oder im Wald zu wühlen. Es wird niemals altbewährte Wechsel kennenlernen und niemals die Gelegenheit haben, sich bei Regen in trockene Dickungen einzuschieben – und es wird ohne den prägenden, richtungsweisenden und engen Rottenverband leben müssen.

## NATUR BESSER NATUR SEIN LASSEN

Da liegt die Frage nahe, ob das Eingreifen des Tierfreundes, als er den kleinen Frischling mit nach Hause nahm, wirklich die richtige und artgerechte Entscheidung war. Jedes Frühjahr, wenn überall im Wald, im Feld und auf den Wiesen Jungtiere anzutreffen sind, kommen auch schon die „helfende Hände“ und nehmen vermeintlich hilflose und verwaiste Tiere mit. In den wenigsten Fällen ist das Eingreifen des Menschen notwendig und gerechtfertigt. Oftmals wird die Situation vollkommen falsch eingeschätzt. Sei es bei einem jungen Waldkauz, der zwar noch flugunfähig, zauselig, aber wunderbar agil auf seine rührigen Eltern wartet. Oder bei einem kleinen Feldhasen, der sich mit großen Augen in das hohe Gras drückt und sich auf das zuverlässige Erscheinen seiner Mutter verlassen kann. Ich frage mich manchmal, was für einen tatsächlich mutterlosen Feldhasen wohl besser ist? Ein schneller, nahezu schmerzfreier Tod durch einen hungrigen Fuchs, Marder oder Habicht oder ein tagelanges, qualvolles Sterben in Menschenhand, hervorgerufen durch falsches Futter und Stress. Manchmal ist es sinnvoller, sich nicht in die Geschehnisse der Natur einzumischen. Stattdessen sollte man vielleicht einen bescheidenen Platz als Zuschauer einnehmen, um von den vielfältigen, intelligenten und voneinander abhängigen natürlichen Zusammenhängen zu lernen.

In den kommenden Wochen und Monaten hielt ich den regelmäßigen Kontakt zu meinen Wildschweinen aufrecht und sah sie mal mehr und mal weniger. Die Aufzucht der Frischlinge verlangte den Bachen in meiner Rotte einiges ab und ich war froh, als das erste gehaltvolle, eiweißreiche Grün aus dem Boden wuchs.

## AUSZEITEN FÜR MUTTERBACHEN

In den letzten Jahren hatte ich die erstaunliche Beobachtung gemacht, dass einzelne, eigentlich führende Bachen auch mal alleine unterwegs waren. Ohne Frischlinge. Sie gönnten sich scheinbar eine „Auszeit“ und ließen ihren Nachwuchs in der Obhut der Rotte oder bei einer anderen Mutterbache zurück. Oftmals wird dieses Phänomen in Jägerkreisen verkehrt interpretiert. Da taucht plötzlich eine Bache mit Gesäuge auf, aber ohne Frischlinge – „Die hat sie dann wohl verloren.“ Oder eine andere Bache lässt sich sehen, „die doch tatsächlich 16 Frischlinge führt“ – nur dass davon nur sechs zu ihr gehören, der Rest ihren beiden „Kolleginnen“. Das kann sie dem Jäger aber leider nicht erklären.

*Tanti in der kurzen Sommerschwarte, Schlammpackung inklusive.*

## SOMMERERLEBNISSE IM REVIER

Mit Beginn des Sommers wechselten meine Schweine – mit Ausnahme einer Überläuferbache – von der Winterschwarte zur Sommerschwarte: Die dicken und dichten dunklen Borsten verschwanden und plötzlich wirkten sie rank und schlank. Eigentlich sahen sie alle ein bisschen albern aus. Ihre Köpfe und vor allem die Nasenrücken wirkten durch die kurzen, glatten Borsten viel länger. Bisweilen hatte ich gerade im Dämmerlicht so meine Schwierigkeiten, die einzelnen Schweine voneinander zu unterscheiden – irgendwie sahen sie alle gleich „nackig" aus. Glücklicherweise besaßen meine Schweinemädchen ja ihre ganz besonderen, markanten Kennzeichen: Knubbel an der Nase oder Dumbo-Ohren konnte ich auch in den sommerlichen Borsten erkennen.

Im August kam der zweite Frischlingsschwung. Ellie und die Gastbache führten nochmals Frischlinge. Ebenso eine der Überläuferbachen. Dieses zweite Frischen sollte diese junge Bache so in Anspruch nehmen, dass sie ihre Winterschwarte nicht wie die anderen wechselte. Mit der fast schon durchgehenden Milchproduktion schien sie keine Kraftreserven mehr für die Ausbildung der Sommerschwarte zu haben.

**SOMMERSCHWARTE: GANZ IN KURZ**

Nur für einen recht kurzen Zeitraum bestimmt die Sommerschwarte das Aussehen von Wildschweinen. Von etwa Juni bis September erscheinen die Schweine dann silbergrau gefärbt. Sie haben die dichte Unterwolle verloren und zeigen sich mit kurzen und dünnen Borsten. Teilweise so dünn, dass bei einigen Tieren die helle Haut durchscheint.

Ich bummelte nicht täglich, aber nach wie vor regelmäßig zusammen mit Lilli und mit einem Eimer Mais zum Zaun. Dann saß ich wie gehabt auf meinem Eimer in der Sonne und wartete gespannt, wen ich denn heute zu Gesicht bekam. Meist lungerte die kräftigere der beiden Überläuferbachen irgendwo in der Nähe herum und war schnell bei mir. Häufig sah ich die Gastbache und mit ihr tanzte meist auch Ellie an. Die wenigen überlebenden Frischlinge von Anfang des Jahres wuchsen langsam, aber sie wurden allmählich kräftiger.

Seit einiger Zeit tauchte ein starker Keiler am Auswilderungsgatter auf. Im Vergleich zu seinen Artgenossen hatte ich es nun jedoch mit einem außergewöhnlich gelassenen und vollkommen sanftmütigen Vertreter seiner Zunft zu tun. Obwohl er bereits älter und körperlich gut entwickelt war und an den

**ZWEIMALIGES FRISCHEN**
Oftmals wurde es angezweifelt und in zahlreichen Büchern nach wie vor als „nicht einwandfrei nachgewiesen" bezeichnet: das zweimalige Frischen und Führen. Fest steht, dass Bachen, die ihre ersten Frischlinge verloren haben, nochmals rauschig werden und dann im Spätsommer einen zweiten Wurf zur Welt bringen. Genaue Beobachtungen – mit einer zuverlässigen Zuordnung des Nachwuchses zu den einzelnen Bachen – zeigen mir jedoch, dass auch Bachen, die ihre ersten Frischlinge erfolgreich großgezogen haben, ebenfalls zu einem zweiten Frischen fähig sind. Voraussetzung hierfür sind wieder einmal optimale Nahrungsbedingungen und damit eine gute Gesamtkonstitution der Bache. Die versetzten Frischtermine führen dazu, dass sich in einer Rotte Nachwuchs in sehr unterschiedlicher Stärke und in verschiedenen Altersstadien befinden kann.

Futterplätzen von der Rotte sofort als Ranghöchster akzeptiert wurde, brachte er keinerlei aggressives Verhalten mit. Der Keiler „Friedhelm" – so nannte ich ihn – zeigte sich sogar mir gegenüber äußerst ruhig und liebenswert. Vielleicht lag es an der warmen Jahreszeit, vielleicht war es aber auch einfach nur sein friedlicher Wesenszug.

Um Tanti machte ich mir Sorgen. Seit Mitte des Sommers hatte ich das polterige Schweinemädchen nicht mehr zu Gesicht bekommen. Vielleicht hatten wir uns immer verpasst? Das wäre die beste Erklärung gewesen. Ich erwog,

*Überläuferbache im Spätsommer: Sie ist ausgezehrt vom zweimaligen Führen.*

*Der friedliche Friedhelm ist ein angenehmer und netter Keiler und als Gast immer herzlich willkommen.*

eine Kamera an der Pendelklappe anzubringen, damit ich sehen konnte, ob sie nachts in das Auswilderungsgatter zog. Sie schien tatsächlich verschollen. Ich begann damit, vom Auswilderungsgatter aus die mir bekannten Wechsel meiner Rotte abzugehen und begegnete dabei allerlei großen und kleinen, netten und weniger netten Wildschweinen. Nur meiner Bache nicht! Mittlerweile hegte ich starke Befürchtungen, dass ihr irgendetwas passiert war. Ich versuchte mir einzureden, dass sie bei Schwierigkeiten, einer ernsthaften Verletzung oder Ähnlichem doch eher in das vertraute Gatter gezogen wäre. Aber so war es nicht. Sie blieb verschwunden. Tagelang. Wochenlang.

## RÜCKKEHR DER LANGE VERMISSTEN

An einem herrlich sonnigen Tag im September ging ich vormittags zum Gatterrevier. Ich hatte frei, ein wenig Zeit und zudem einige Eintagsküken übrig sowie etliche alte, schrumpelige Äpfel und Mais. Und mir war „so ein wenig nach Wildschwein". In aller Ruhe wanderte ich unten am Gatter entlang und verteilte das mitgebrachte Futter. Kurz darauf erschien die Überläuferbache. Sie polterte im flotten Trab durch das geöffnete Tor, im Schlepptau ihre fünf Frischlinge.

*Rückkehr von Tanti: „Da bin ich wieder. Kümmert sich mal einer um mich?“*

*Tanti im Schweineglück!*

Plötzlich hörte ich von weit oben ein lautes, tiefes Grunzen, das immer näher kam. War da wieder einmal ein Keiler im Anmarsch? Der friedliche Friedhelm etwa? Kündigte er sich neuerdings mit Begrüßungslauten an? Nein, so weit waren unsere freundschaftlichen Beziehungen noch nicht gediehen. Das konnte doch nicht etwa ...? Doch es konnte! Stimm- und auch sonst gewaltig wie eh und je kam Tanti auf mich zu. Ich konnte es kaum fassen und schaute ihr ungläubig entgegen. Sie war es tatsächlich! Mit geöffnetem Maul, grunzend und sabbernd trabte sie direkt auf mich zu. Ich beugte mich zur „Nasenzeremonie“ zu ihr hin und wurde sorgfältig von oben bis unten begutachtet. Was für eine Begrüßung!

Wo war sie nur gewesen? Ich suchte sie nach alten Verletzungen ab, befühlte ihre Läufe. Nichts. Sie sah toll aus. Mit dichten Borsten, proper und massig. Drei Monate hatten wir uns nicht gesehen, drei Monate hatten wir keinen Kontakt zueinander gehabt und trotzdem war die alte Vertrautheit sofort wieder da. Sie wich nicht zurück, zeigte sich weder nervös noch scheu, sondern legte sich ohne zu zögern wie selbstverständlich zu meinen Füßen nieder. Behaglich stellte sie die Federn auf und genoss es, ausgiebig abgesucht und gekrault zu werden.

## BINDUNG ZWISCHEN WILDEM SCHWEIN UND MENSCH

Ich blieb an diesem Tag noch lange im Revier und genoss es einfach, meine wunderbare Bache wieder bei mir zu haben und ihr zufriedenes Grunzen zu hören. Diese echte Freude über ein Wiedersehen mit einem Wildschwein mag für manchen sicherlich schwer zu verstehen sein (oder sogar etwas befremdlich wirken). Doch hier ging es um ein Wildtier, welches man mit der Flasche aufgezogen und über Jahre durch ein turbulentes Wildschweinleben begleitet hatte und das einem – vielleicht sogar als Dank dafür – ein tiefes Vertrauen entgegenbrachte. So wie ich Schweine mit ihrer Intelligenz, ihrem Gedächtnis und ihren sozialen Bindungen kennengelernt hatte, erstaunte es mich eigentlich nicht, dass die enge Verbindung zwischen mir und meinen Frischlingen über alle Entwicklungsstadien hinweg bestehen geblieben war und sich sogar noch gefestigt hatte.

Erstaunlicherweise tauchte die Rotte wieder häufiger geschlossen auf. Futter gab es in diesem Jahr in Hülle und Fülle, denn die Eichen trugen reichlich Mast. Die Obstbäume waren ebenfalls mit Früchten beladen und daher karrte ich mindestens dreimal die Woche Äpfel und Birnen in das Gatter. Mit Beginn der Jagdzeit konnte ich ihnen auch regelmäßig Aufbruch vom Reh- und Sikawild anbieten, den sie begeistert fraßen. Nein, sie fielen darüber her. Ellie, der „Wolf“ unter den Wildschweinen, war begeistert!

Anfang November machte ich zu Beginn der großen Jagd die Klappen wieder einmal zu und war wie immer erstaunt, wie unkompliziert sich die Rotte darauf einließ und wie schnell sie sich daran gewöhnte. Gasti, Ellie, Tanti und eine der jungen Bachen sowie neun Frischlinge waren drei Wochen lang in Sicherheit. Und ich genoss die intensive Zeit mit meinen Wildschweinen. Meine drei Schweinemädels waren wie immer. Auch die vergangenen Jahre im Revier hatten sie nicht großartig verändert. Ellie: gut gelaunt, leichtfüßig mit „dumbomäßig“ aufgestellten Ohren und leicht gefräßigem Blick. Gasti: hektisch, etwas grummelig und trotzdem überaus liebenswert. Und Tanti: polterig und schlichtweg nur gewaltig.

# BLICK IN DIE ZUKUNFT

Wie wird es wohl weitergehen mit meinen Wildschweinen? Ich würde mir sehr wünschen, dass der Kontakt zu meiner Rotte bestehen bleibt. Dass ich weiterhin an ihrem Wildschweinleben teilhaben darf.

## ERST EIN KLEINER BLICK ZURÜCK

So manches Mal haben mir die Stunden inmitten der wilden Schweine nach einem stressigen Arbeitstag Entspannung und pure Freude gegeben. Einfach nur ruhig mitten im Wald sitzend, umgeben von ihrem Grunzen und munteren „Gesprächen", konnte ich herunterfahren. Meine Wildschweine haben mir unheimlich viel geschenkt.

Es war ein einzigartiges Erlebnis, drei kleine Frischlinge bei ihrem Großwerden hautnah begleiten zu dürfen. Mir war es stets sehr wichtig, sie nicht zu vermenschlichen, sie nicht im Katzengeschirr durch den Ort spazieren zu führen, ihnen keine Kunststückchen beizubringen – sie einfach Tier und vor allem Wildschwein sein zu lassen. Meine Wildschweine haben mich überrascht und zum Staunen gebracht: Ihr Verhalten untereinander, ihr buntes Sozialleben und natürlich ihr Verhalten mir gegenüber. Wer hätte das alles für möglich gehalten?

Es war beachtlich und schön zu erleben, wie sich aus kleinen gestreiften, niedlichen Frischlingen beeindruckende erwachsene Wildschweine entwickelten. Starke Persönlichkeiten mit den jeweiligen markanten Charaktereigenschaften, die sie zu etwas ganz Besonderem machten. Eine Rotte lebt und überlebt wohl auch nur mit dieser Mischung aus unterschiedlichen Charakteren: mit Mutigen und Furchtlosen, Neugierigen und Zurückhaltenden. Von wegen ein Wildschwein ist einfach nur ein Wildschwein!

Ich habe in den letzten Jahren viel erfahren und gelernt. Meine immer schon vorhandene Vorliebe für diese Wildart ist durch meine Wildschweinjahre noch intensiver geworden. Wie sollte es anders sein.

## EHRLICHE WORTE ZUR JAGD

Ich finde es sehr schade, dass in der Jägerschaft gerade im Zusammenhang mit Schwarzwild nur das Stichwort „Kaliber 30-06" in den Hinterköpfen auftaucht.

Vor allem während meines Forstwirtschaftsstudiums, der praktischen Semester und der Anwärterzeit bin ich den verschiedensten Jägern begegnet. Ich habe ein ziemliches Sammelsurium an Einstellungen und jagdlichen Handlungsweisen kennengelernt: sympathisch, intelligent, durchdacht, motiviert und fachkundig, aber auch fanatisch, verbissen, einseitig, ziemlich arrogant, neidisch und sogar uninteressiert.

Ich kann von mir behaupten, dass ich eine recht gesunde und ausgewogene Meinung zur Jagd habe. Meist wagt man es gar nicht, inmitten einer grünen Jägerschar, die sich alle (scheinbar) einig sind, mal etwas völlig Gegenteiliges zu äußern. Zu widersprechen und nicht nachzuplappern. Auch gegen den „jagdlichen Strom" zu schwimmen. Doch nach meinen Wildschweinjahren lasse ich mir wildschweinmäßig von niemandem etwas vormachen. Meine Schweinebande hat mich einiges gelehrt. Unverfälscht und oftmals nicht lehrbuchkonform. Sondern sehr authentisch. Ihnen und ihrem alltäglichen Leben glaube ich mehr als allen jagdlichen Abhandlungen.

Die Jagd wird derzeit kontrovers diskutiert. Sie steht im Fokus. In manchen Bereichen sicherlich nicht ganz zu Unrecht. Es wäre an der Zeit, sich selbst einmal kritisch unter die Lupe zu nehmen und einiges zu hinterfragen. Keineswegs möchte ich an dieser Stelle sämtliche Jäger und Jägerinnen über einen Kamm scheren, es gibt in ihren Reihen zahlreiche bodenständige, kommunikative, sehr versierte und offene Menschen. Trotzdem hätte ich im Zusammenhang mit der Zunft der Jäger einen langen Wunschzettel.

## WÜNSCHE AN DIE JÄGERSZUNFT

In mir besteht noch die – wohl blauäugige – Vorstellung, dass ein Mensch, der den Jagdschein machen möchte, auch ein naturinteressierter Mensch ist. Ein Mensch, der neugierig darauf ist, Zusammenhänge in der Natur zu erkennen. Leider kommt es mir so vor, als würde bei der Jagdscheinvorbereitung vielfach nur für das Kurzzeitgedächtnis gelernt werden, fernab jeglicher Praxisnähe. Stundenlang wird den künftigen Jägern die Bezeichnung der einzelnen Enden beim Rothirschgeweih eingebläut und die richtige waidmännische Bezeichnung für Ohren beim Feldhasen im Vergleich zu den Ohren des Rehwilds. Aber kaum einer der Prüflinge weiß den Unterschied zwischen einer Hainbuche und einer Rotbuche, kaum einer erkennt den Turmfalken in der Luft.

Zur Jagd gehört auch die Hege. Sie verfolgt das Ziel, einen gesunden und artenreichen Wildbestand zu erhalten, hat aber gleichzeitig auch das wichtige Anliegen, die Lebensgrundlagen des Wildes zu sichern. Wie soll ein Jäger dieser Verpflichtung nachkommen, wenn er die gefährdeten und schützenswerten

Lebensräume in seinem Revier gar nicht erkennt? Wie soll er dann all die Waldteiche, Wegränder, Hecken, alten Obstbäume, Bachläufe und Randstreifen pflegen und erhalten? Sollte nicht gerade ein Jäger der Naturexperte schlechthin sein? Ein Ansprechpartner für „Lieschen Müller", die eben mal eine Frage zu dem Vogel da hinten auf dem Pfosten hat oder den Strauch dort drüben nicht kennt?

Ich finde es mehr als erschreckend, wie wenig Wissen zahlreiche, auch langjährige Jäger über das Sozialverhalten und die Lebensweisen der heimischen Wildarten besitzen. Und ich frage mich, wie es gelingen soll, eine Art sinnvoll und auch tierschutzgerecht zu bejagen, wenn man noch nicht einmal deren Lebensgewohnheiten und Ansprüche kennt. Das kann nicht besonders gut funktionieren. Jagd darf und soll Freude machen – aber es müssen eben auch die Voraussetzungen dafür geschaffen werden, dass sie ambitioniert und erfolgreich durchgeführt werden kann.

Wildschweine müssen heutzutage streng bejagt werden – keine Frage. Ihre Ausbreitung, sogar in die Außenbereiche der Großstädte, ist enorm. Um Schwarzwild effektiv bejagen zu können, sollte und muss man sich jedoch auch mit ihrem Verhalten und ihrer Lebensweise auseinandersetzen. Vor allem sollte man sich bewusst sein, dass diese Wildart „mitdenkt" und entsprechend agiert und reagiert.

Und man sollte sie mit Achtung und Respekt behandeln. Sie haben es wirklich verdient.

## DANKE

*An dieser Stelle möchte ich gerne die Menschen erwähnen, die mich während meiner Wildschweinjahre unterstützt haben:*
*Dank an meine tollen Kolleginnen und Kollegen im Wildwald, die mich mit all meinen zwei- und vierbeinigen Pflegekindern ertragen. Wir sind schon ein ziemlich einmaliger Haufen!*
*Dank an Hardy, den MacGyver des Wildwaldes, für patentierbare Nuckelhaltergestelle, unumschubsbare Wassereimer, für intelligente Pendeltore, für gemütliche Wellblechschlafplätze und „Achtung Keiler kommt!"-Notausstiege.*
*Dank an Yvonne für tierärztliche Ratschläge.*
*Dank an Mirjam für ein erstes Korrekturlesen der Grobversion.*
*Dank an das großartige Team vom Verlag Eugen Ulmer. Allen voran Ina Vetter, die jederzeit für mich da war. Ulf Müller, der das Ganze in die richtige Richtung lenkte und Antje Krause, die die zahlreichen „Doppelt-Gemoppelts" entdeckte und beseitigte.*
*Ein herzliches Dankeschön an Familie von Ketteler-Boeselager, die mir so unkompliziert und großzügig die Nutzung des Auswilderungsreviers und des Großen Jagdgatters ermöglicht hat. Ohne dies hätten meine Wildschweinjahre gar nicht erst beginnen können …*

*Und ein ganz besonderer Dank geht an Lilli, meinem vierpfotigen treuen Schatten. Ich weiß gar nicht, womit ich dich verdient habe!*


# SERVICE

## LITERATUR


Briedermann, Lutz: Schwarzwild, *Kosmos, 2009.*

Meynhardt, Heinz: Schwarzwild-Bibliothek. Biologie und Verhalten, *Neumann-Neudamm, 1989.*

Meynhardt, Heinz: Schwarzwildreport – Mein Leben unter Wildschweinen, *Neumann-Neudamm, 1988. Neuauflage unter gleichem Titel: Verlag Eugen Ulmer, 2013.*

Meynhardt, Heinz: Wildschweingeschichten, *Neumann-Neudamm, 2005.*

## BILDQUELLEN

Die Fotos stammen von der Autorin mit Ausnahme der folgenden:
Titelfoto Frischling: Hermann Hirsch (www.hermannhirsch.com); Titelfoto Hintergrund oben und Umschlagrückseite: Olinchuk/Shutterstock.com; Titelfoto Laub unten: Paul Aniszewski/Shutterstock.com; Seite 4: Adobe Stock/Valdet.
Illustrationen: mauritius images: 66; Shutterstock.com: andrey oleynik: 5 (23), 54, 77 *(Engerling)*; DoubleBubble: 110; Epine: 70 *(Eicheln, Nüsse, Beeren)*; Iynea: 77 *(Maus)*; Melok: 43; Morphart Creation: 70 *(Buchecker)*, 77 *(Tausendfüßer)*, 92; pixpenart: 29; barkarola: 79; Solveig: 136

## IMPRESSUM

Die in diesem Buch enthaltenen Empfehlungen und Angaben sind von der Autorin mit größter Sorgfalt zusammengestellt und geprüft worden. Eine Garantie für die Richtigkeit der Angaben kann aber nicht gegeben werden. Autorin und Verlag übernehmen keine Haftung für Schäden und Unfälle. Bitte setzen Sie bei der Anwendung der in diesem Buch enthaltenen Empfehlungen Ihr persönliches Urteilsvermögen ein.

**Bibliografische Information der Deutschen Nationalbibliothek**
Die Deutsche Nationalbibliothek verzeichnet diese Publikation in der Deutschen Nationalbibliografie; detaillierte bibliografische Daten sind im Internet über http://dnb.d-nb.de abrufbar. 
Wollgrasweg 41, 70599 Stuttgart (Hohenheim)
E-Mail: info@ulmer.de
Internet: www.ulmer.de
Lektorat: Ina Vetter, Antje Krause, Ulf Müller
Herstellung: Judith Schumann
Umschlag-Konzeption: Ruska, Martín, Associates GmbH, Berlin
Umschlag-Gestaltung: Antje Warnecke, nordendesign.de
Buchgestaltung und Satz: Michaela Mayländer, www.sistermic.de
Druck und Bindung: Friedrich Pustet, Regensburg
Printed in Germany

MIX
Papier aus verantwortungsvollen Quellen
FSC® C014889

**ISBN 978-3-8186-0507-0**